普通高等教育"十二五"应用型本科规划教材

中国传统民居欣赏

刘太雷 莫书雯 曹 武 许树贤 编著

西安交通大学出版社

XI'AN JIAOTONG UNIVERSITY PRESS

内容简介

中国传统民居是中国古代建筑文化的重要载体之一,也是环境设计专业学生认识中国古代环境设计文化的重要通道。

本书通过介绍中国古民居发展历史、常见构件及结构形式、布局和规划、装饰等内容,使学生从宏观上把握中国传统民居的基本特色和发展脉络,掌握初步的民居欣赏的入门知识,了解中国古民居造型特征、布局规划的基本形式、装饰特性及室内外空间特质,进而引发对中国古民居建筑及装饰形式的兴趣,并对其蕴含的哲学和文化意义进行深度思考和研究。

图书在版编目(CIP)数据

中国传统民居欣赏/刘太雷等编著.—西安:西安
交通大学出版社,2014.12(2023.7 重印)
普通高等教育"十二五"本科规划教材
ISBN 978-7-5605-6883-6

Ⅰ.①中… Ⅱ.①刘… Ⅲ.①民居-建筑艺术-中国
-高等学校-教材 Ⅳ.①TU241.5

中国版本图书馆 CIP 数据核字(2014)第 285254 号

书　　名	中国传统民居欣赏
编　　著	刘太雷　莫书雯　曹武　许树贤
责任编辑	史菲菲

出版发行	西安交通大学出版社
	(西安市兴庆南路 1 号　邮政编码 710048)
网　　址	http://www.xjtupress.com
电　　话	(029)82668357　82667874(市场营销中心)
	(029)82668315(总编办)
传　　真	(029)82668280
印　　刷	西安五星印刷有限公司
开　　本	787mm×1092mm　1/16　印张 8　字数 189 千字
版次印次	2015 年 1 月第 1 版　2023 年 7 月第 8 次印刷
书　　号	ISBN 978-7-5605-6883-6
定　　价	36.00 元

读者购书、书店添货,如发现印装质量问题,请与本社市场营销中心联系。
订购热线:(029)82665248　(029)82667874
投稿热线:(029)82668133
读者信箱:xj_rwjg@126.com

　　近年来,随着中国经济地位在国际上不断跃升,国人的文化自信心也空前提高。构建具有中国气派的设计体系,已是业界思考的命题和先行者探索的目标。就环境设计领域来讲,对中国古典民居遗存的关注和研究,悄然间已是本领域的一种不可忽视的趋势。近些年来许多中式和新中式风格设计作品的出现,说明环境设计师们在设计理念上正趋向于对断裂的传统文脉的重新解读和"回归"。

　　中国传统民居遗存是中国古代设计文化的重要物质载体,也是环境设计专业的学生了解中国古代环境设计文化的重要平台。然而遗憾的是,高校环境艺术教学中,有关中国传统民居知识的传授相对滞后,截至目前,尚无一本相对系统、完整的普及性中国传统民居教材,以至于学生掌握的有关知识大多概念含混和碎片化,相关的设计也失之于表层化,缺乏应有的传统内涵。有鉴于此,本书编者在研究和借鉴相关研究文献的基础上编写了这本教材,目的在于梳理和萃取近年来中国古民居最新结论性研究成果,把握教材基础性、通识性的特点,删繁就简,突出普及性,兼顾系统性,以期为学生打造一个认识中国古代环境设计文化的基础平台。

　　本书由刘太雷、莫书雯、曹武、许树贤编著。具体编写分工如下:刘太雷编写第二章,并负责全书统稿;莫书雯编写第五章;曹武编写第三章;许树贤编写第一章及第四章。编写过程中,拜读了刘敦桢、王其钧、楼庆西、郭黛姮、蒋高宸、黄崇岳、荆其敏、张丽安、白鹤群、郑鑫、邸芃等先生的有关著述,在此谨对诸位先生治学精神和成果表示敬意,并衷心致谢!

　　由于编者水平有限,书中难免存在不足之处,敬请广大读者批评指正。

编者

2014.11

Contents 目录

第一章

中国传统民居概念及发展概要

　　中国历史源远流长,资源丰富,领土广阔,民族众多。纵观中华数千年历史,在不断的朝代更替和分合中,各民族之间的政治、经济、文化不断地交流和融合。作为人最基本实践活动之一的住所——中国民居,是中国文化重要载体之一。它集中体现了居民的风俗习惯、文化传统及当时社会的政治、经济、文化的发展状况。中国多样的文化、辽阔的疆域,使中国民居不仅分布范围广,数量众多,同时各类民居又具有其独特的个性,呈现出丰富多彩的面貌。

一、中国民居概念

　　中国民居是一个相对概念,它是相对于官式宅邸及皇家建筑而言。在奴隶社会,随着私有制的产生,阶级的出现,生活在社会中的人类开始被划分等级,便有了"权贵"和"庶民"的等级观念,这种等级观念的产生使得建筑也被等级化,成为地位和等级的象征。所以,统治阶级的君主居住于皇家宫室,而被统治阶级的庶民便居住在较简陋的住所中。据此不难推断,中国开始有"民居"的称谓开始于夏朝,它是相对于皇室建筑而言,是普通庶民居住的场所,并集中反映了居民的生活习俗、地域风格、民族特色及生产方式、家庭结构,以及社会政治、经济、文化发展状况。

二、中国民居分布及发展

1.先秦时期住宅

　　原始社会分为旧石器时代和新石器时代。旧石器时代由于生产力低下,因此建筑水平不高且发展缓慢,但早期人类的居住形式对后期各社会阶段建筑的发展产生了决定性的影响。

　　在旧石器时代,先民生存和居住条件基本与现在的猿类相仿,他们依靠采集果实及狩猎为生,为遮风避雨、逃避猛兽的袭击,多居住于树上,后来懂得使用粗糙工具,居住环境开始得到改善。同时,部分先民开始从树上转移到山洞中居住,逐渐对居住环境有了一定的追求,具有建造家园的意识。如距今五万年前的旧石器时代,居住在北京周口店龙骨山的山顶洞人,其洞口向东,长约 12 米,宽约 8 米,内部分为两部分,接近洞口住人,内部低凹部分也曾作住处或埋葬死人。

随着先民不断地探索与发展,从居住在树上和居住在山洞中两种不同环境逐步演化成巢居和穴居两种形式。《礼记·礼运》对此进行了描述:"昔者先王未有宫室,冬则居营窟,夏则居橧巢。"反映了原始人当时情况下的两种居住方式。

进入新石器时代,建筑发展速度明显加快,巢居和穴居形式发生明显变化。巢居从旧石器时代的树上居住形式逐步演变到在地面上自由搭设,分为打桩和栽桩两种地面搭设,技术程度比以往更进一步,从而形成较新型、灵活的居住方式。所以巢居后来更多是指人工建造、底层架空的居住形式。

穴居的形式也发生了变化,从早期的利用自然山洞,逐渐演化到人工挖掘。当人类不断发展,人口逐渐增加,自然山洞已经远不能满足人类的居住需求,并随着生产工具的使用,人类开始从自然山洞得到启示,挖掘人工洞穴。穴居大体经历横穴、竖穴、半穴居、原始平面建筑、分室建筑等几个阶段。旧石器时代主要以山洞和横穴为主要居住形式,到了新石器时代发展出竖穴、半穴居及原始地面建筑等几种新形式(见图 1-1)。根据考古发现,在西安半坡村有着半穴居居住区,居住区内密集排列住宅四五十座,布局具有条理性。这个居住区的中心部分,有一座规模相当大,平面约为 12.5 米×14 米近似于方形的房屋,可能是氏族的公共活动——氏族会议、节日庆祝、宗教活动等的场所(见图 1-2)。住宅区周围设有 5~6 米的壕沟,具有防卫作用及区域界定作用,相当于城池的护城河。在住区内有公共仓库,住区外有公共墓地和公共窑场,这些都反映出半坡人已具有初步的环境规划意识和一定的建筑营造水平(见图 1-3、图 1-4)。这为中国木结构建筑的发展奠定了基础。

图 1-1　竖穴式

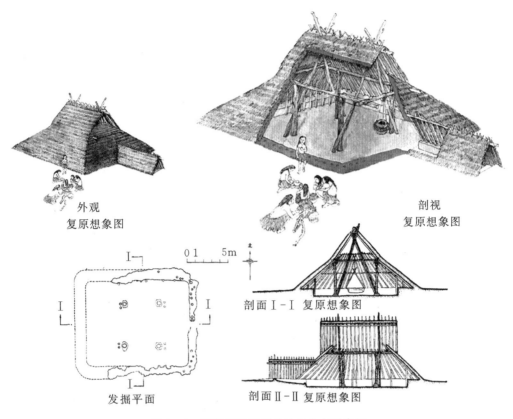

图1-2 西安半坡村原始社会大方形房屋

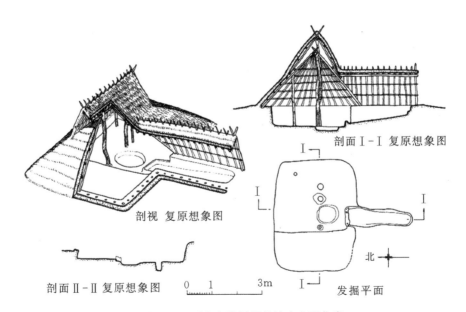

图1-3 西安半坡村原始社会方形住房

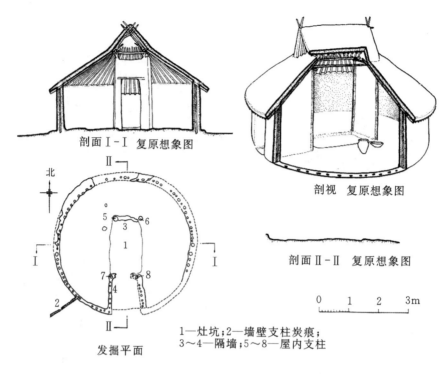

剖面Ⅰ-Ⅰ 复原想象图

北

剖视 复原想象图

剖面Ⅱ-Ⅱ 复原想象图

0   1   2   3m

1—灶坑；2—墙壁支柱炭痕；
3~4—隔墙；5~8—屋内支柱

发掘平面

图 1-4 西安半坡村原始社会圆形住房

原始社会末期，氏族首领的出现，私有制产生，直至公元前 21 世纪，中国历史第一个朝代——夏朝建立，奴隶制国家诞生，结束了原始社会公有制的生产方式。随着私有制的产生和阶级的出现，有了奴隶和奴隶主之分，身份被划分等级，建筑自然也被等级化，便产生"民居"的称谓，它是相对于官式府邸与皇室建筑而言的。

夏朝的社会生产力与之前原始社会相比虽有明显的进步，但经济力水平还是比较低下，因此建筑还是延续旧居住模式，只是在原有基础上进一步优化处理。直到商朝中后期社会生产力有了质的飞跃，居住模式也随之出现新变化，集中表现在建筑木构架的发展。

原始社会的半地穴和平面建筑在夏朝及商朝得到继承和保留，但较之前其规模和数量不断增加，如内蒙古鄂尔多斯朱开沟遗址。考古表明，该遗址具有夏朝早、中及晚期的住宅形式特征。早期以半地穴和平面建筑为主，房屋平面形状以圆形居多，直径 5 米左右。中期房屋平面以方形平面浅穴为主，部分呈圆角方形。而晚期以长方形平面浅穴数量为最多。而山西夏县东下冯村二里头遗址则以窑洞形式为最多，还有半地穴及地面建筑共三类，建于夏朝中晚期、商朝初期，总面积 25 万平方米，依靠黄土崖及沟壁开凿而成，室内面积较小，约 5 平方米，平面有方形、圆形和椭圆形三种，窑洞内室顶部多为穹窿形，内壁有小龛并在墙角设有火塘，室外有窖穴、灰坑、水井及防御设施壕沟。

夏朝住宅平面形式从圆形不断转向方形，其剖面形式从下凹的半穴居到平面建筑再到商朝的带台基建筑，室内平面不断在升高。民居发展到商朝，随着木构架和夯土墙垣技术的发展和推广，地面建筑占绝对优势，并且带台基建筑及地面分室建筑也较普及。河南郑州曾是商朝中期一座重要城市,考古发现郑州有商朝的夯土高台遗迹,其用夯杵分层捣实而成。夯窝直径约 3 厘米,夯层匀平,层厚约 7～10 厘米,相当坚实,可见当时夯土技术已达到成熟阶段。夯土技术的成熟促使房屋台基及墙身的形成与普及应用,使住宅摆脱原始穴居的居住模式,形成带台基,并利用夯土墙垣灵活分隔空间形成地面分室建筑的新形式。山西夏县东下冯村商代聚落遗址发掘十多处成排基址,台基高出地面 30～50 厘米,直径为 8～10 米,聚落外围采用宽 8 米的夯土墙作防御设施。河南偃师二里头建筑遗址也有高出地面的台基,台基东西长约 28 米,南北只有 8 米左右,现残存夯土厚为 0.16～1 米,此遗迹不但有台基,而且在台基上有木骨泥墙环绕相隔,形成三间建筑形式。这表明住宅规模逐渐增大,半穴居形式已发展成为带台基地面分室的新居住形式。

夏朝和商朝在整个建筑发展过程中起到基础性作用,为中国传统建筑确立了许多规则和规范。周朝在夏商基础上更进一步发展。随着青铜技术的发展,西周已出现少数铁器,工程技术有了很大的进步,社会生产力发生质的飞跃,建筑活动也随之活跃,涉及范围十分广泛。

木材自身的优势在周朝建筑中应用广泛,尤其木架构的发展,斗拱的出现,改变了建筑的受力结构,结束了原始社会穴居中间靠木柱支撑的现象。斗拱的出现取代木柱的功能,木构架应用广泛,榫卯连接构件也日趋成熟。建筑材料更是发生质的飞跃,西周已出现板瓦、筒瓦、人字形断面的脊瓦和圆柱形瓦钉(见图 1-5)。此类瓦镶嵌在屋面,解决屋面排水及防水等问题。另外,陶制砖、夯土技术、石材及金属件在建筑上的运用,使建筑外观和使用功能发生明显变化,呈现出前所未有的建筑风貌。

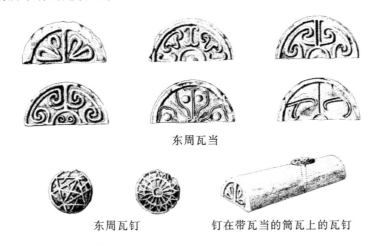

东周瓦当

东周瓦钉   钉在带瓦当的筒瓦上的瓦钉

图 1-5 东周瓦当和瓦钉

周朝普通庶民住宅虽有所发展,但仍然处于较简陋状态,一是资力因素,二是受森严等级制度的约束。民居多沿用商朝的半穴居形式,和过去民居的区别在于分室式房屋普及使用,并具有部分木结构地面房屋。相比之下,士大夫的官式住宅则可以建造一个小院,前后有两排建筑。在《礼仪》中有相关记载:前是面阔三间,中央为正门,左右为堂室;后排面阔五间,中央是中堂——接待宾客的厅堂,两侧隔墙分别是南北向排列的东堂、东夹和西堂、西夹,此排房屋后面是寝室(见图1-6)。从官式住宅与民居的对比中表明周朝等级制度严格,而且较之夏商两朝已形成一个完整的建筑体系,对不同身份居住住宅及不同建筑性质都有相应规定,这集中表现在建筑文献《周礼·考工记》中,并且对其后各朝代产生深远影响。

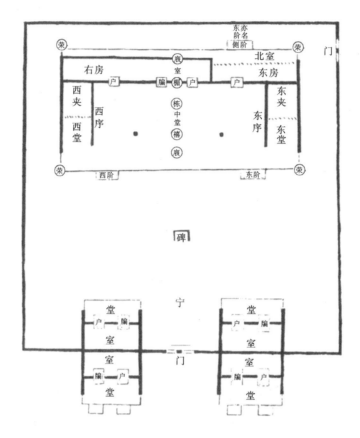

图1-6　士大夫住宅图

2.秦汉魏晋时期民居

周朝的春秋战国时期到秦朝,战乱频繁,在这段时间建筑的发展更多体现在大规模的宫室和高台建筑的兴建,瓦的发展及成熟使装饰纹样更加绚丽夺目,铁器工具的使用,为榫卯、复杂的花纹雕刻及木构架的艺术加工提供条件。但在战乱中民居没有明显的发展与变化。

秦朝结束,又迎来中国第一个统治时间较长的强大封建王朝——汉朝。经济发达的汉朝,整个社会各行业都在蓬勃发展。从汉墓的构造以及发掘出大量的画像石、画像砖、壁画、器皿、陶屋等物品中可以窥见汉代住宅的建筑水平。资料表明汉朝不管是建筑形式还是建筑组合配置都处于相当发达阶段,其建筑形式丰富多彩,主要的木构架形式有抬梁式、穿斗式、干阑式及井干式等四种形式(见图1-7)。抬梁式、穿斗式在结构上或在建筑平面上都较灵活,可以建造的规模大,比起干阑式和井干式更具优势。

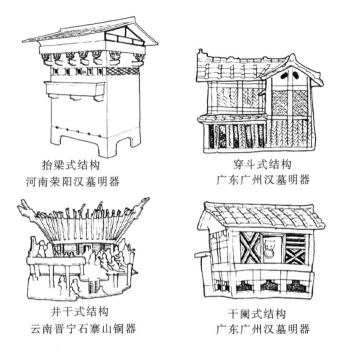

抬梁式结构
河南荥阳汉墓明器

穿斗式结构
广东广州汉墓明器

井干式结构
云南晋宁石寨山铜器

干阑式结构
广东广州汉墓明器

图1-7　汉朝木结构建筑

同时,汉朝建筑屋顶的形式也更趋多样化,出现了庑殿、悬山、单坡、攒尖、重檐等多种形式(见图1-8)。

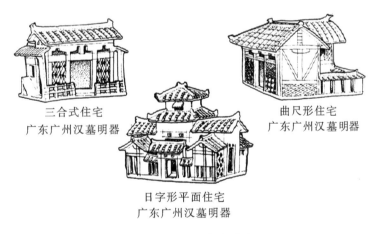

三合式住宅
广东广州汉墓明器

曲尺形住宅
广东广州汉墓明器

日字形平面住宅
广东广州汉墓明器

图1-8　汉朝住宅形式

从现存的资料看,汉朝达官贵族住宅规模较大,层次丰富,具有多重房屋与院落,以围廊作为连接房屋纽带并带有附属园林。如四川出土的画像砖和河南出土汉墓空心砖上所刻画的住宅(见图1-9)。值得注意的是,这些遗址及出土文物资料表明汉代贵族宅院已开始有私家园林,如文献记载茂陵富豪袁广汉建造的花园宅第,东西约1600米,南北约2000米,园中有重阁回廊、叠山造水,并在园内养有奇珍异兽及种植各种花草树木。这些遗址及出土文物资料表明汉代住宅中开始有园林景观设计,建筑形式没有明显的中轴线,基本采用不对称形式。

汉朝民居的形式丰富多彩，建筑类型有大中小型住宅及齐全的住宅配套设施，如坞堡、楼屋、塔楼、仓库、坟墓、楼榭、水井等，建筑部件更是丰富多样，如屋顶、门窗、斗拱、台基、围廊、门厥、门楼、墙垣等。此时住宅大至整体规划、小至局部构件基本配备齐全，并一直沿用至今，汉朝后期中国民居住宅类型已基本出现。

三国、两晋、南北朝初期，住宅建筑风格继承发展汉朝建筑形制，到南北朝后期，建筑形式才出现突出变化，集中表现在屋面下凹翘曲，檐口呈反翘曲线形式及屋角鸱尾的使用，但鸱尾当时只限于宫殿使用，民居没有特许不得使用，这为后代屋顶飞檐起翘活泼的中国建筑形象奠定了基础。

当然，这一时期的建筑不仅对汉代进行继承和发展，还带有浓厚的社会政治特色。由于战争

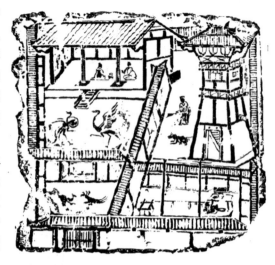

图1-9　四川成都画象砖——庭院

此起彼伏的缘故，建筑带有强烈军事特色，集中表现在城堡、望楼等防御设施的增设上。各地方不少乡镇以几十户、几百户乃至上万户为单位建造坞堡，起到防卫保护作用。在南北朝时受"抑门阀"运动影响，这种防御设施有所收敛。但平民住宅仍处于简陋状态。

在意识形态上，儒、释、道共同发展，玄学思想盛行，特别是推崇老、庄之道，崇尚自然，这些理念在宅院的私家园林中得到充分体现。如南朝著名诗人谢灵运所作的《山居赋》就是对当时住宅及园林的描写；北魏洛阳华林园、梁江陵湘东苑及张伦宅等都引入自然园林设计，园中大致有筑石造山、引泉叠水、亭台楼阁等自然园林景观，营造朴素自然意境。

3. 唐宋时期民居

隋唐是我国封建社会发展的高峰，也是中国古代建筑发展的成熟时期。它在继承两汉以来成就的基础上，融入外来建筑优势，形成完整的建筑体系。隋唐建筑特色是全木结构，承重支撑都是靠木结构，墙体只起围合和界定作用，不起承重作用，而在此之前的建筑大都是土木混合结构，即墙也起承重作用。

唐朝由于社会经济发达，财力雄厚，统治阶级及贵族都建造豪华住宅及园林，从贵族到庶民，不同等级对住宅的建造结构及形式都有明确的界定，包括门厅大小、开间进深、间数、架数及装饰、色彩都作相关规定，体现了封建社会严格的等级制度。唐制规定，三品以上官员，可建进深五架悬山屋顶大门，面阔三间；一家有若干大官员，可在大门左右另开侧门；五品以上官员在宅邸门外可设立乌头门，即后来的牌坊。这类属于大宅，大宅基本分为内宅和外宅，外宅是男人活动及接待宾客的场所，最豪华的场所是外宅的厅堂，堂对它门中门，堂后门内为寝室，即内宅，是女人接待宾客的场所。以堂和寝为主体围成大院落。六品以下及庶民住宅基本相同，大门阔一间，深两架，堂阔三间，进深上庶民四架，官员五架，这些在唐《营缮令》中都有规定。

唐朝士大夫阶层文人、画家，往往将情感寄托于"诗情画意"的山水之间，他们的思想影响到造园的理念和手法，在宅院中营造私家园林蔚然成风。诗人白居易在洛阳建造宅院，全院占地17亩，房屋面积占三分之一，水占五分之一，竹林占九分之一，园林叠山造水，楼台亭阁，水中堆土成岛，全园以水和竹为主，模仿自然，将自然山水浓缩于方寸之间，富有诗意。自南北朝至盛唐，文人

雅士偏爱欣赏奇石,叠石为山成为园林必不可少的主角,尤其苏州太湖石最受欢迎,旨在营造咫尺山林的意境。如五代卫贤所绘《高士图》(见图1-10),一定程度反映宅与园的基本情况。总体来说,园林在隋唐时期发展突出,不断普及,造园手法技艺及营造的艺术效果都处于成熟阶段。

图1-10　五代卫贤绘的《高士图》中的住宅

　　唐中叶,北方战乱频繁,民不聊生,特别在安史之乱后,大量百姓、官员及士大夫为避战乱纷纷南迁。这次南迁比以往规模更大,迁入最多的为三大地区:一是江南地区,包括长江以南的江苏、安徽及浙江;二是江西地区;三是淮南地区,其后迁入福建。此次南迁又一次促进民族文化大融合,北方先进的生产技术进一步影响南方,促进南方各行业的迅速发展。建筑更是如此,当时北方大部分民居为夯土墙垣,上加木屋架及瓦片,或铺盖茅草,而南方更多是茅草屋顶,防水性差,易发生火灾。在此次大融合中北方的烧瓦及烧砖技术南传,对南方民居中瓦的推广和使用起到了推动作用。如《旧唐书·宋璟传》记载,在广州"璟教人烧瓦,改造店肆";《新唐书·循吏传·韦丹》记载江西类似传授烧制瓦片的事例。而在唐末至五代,南方较大城市成都、苏州、福州等相继用砖砌城,砖在这一阶段南方其他城镇也得到广泛应用。

　　总之,隋唐时期,建筑在南北朝基础上与各种装饰更好地融合,建筑材料种类广泛,应用技术达到空前成熟阶段。建筑总体风格规模宏大、气魄雄浑、格调高迈。

　　到了宋代,中国居住建筑在唐代的基础上更趋成熟。虽其建筑体量及规模比唐朝小,但其风格比唐朝更为秀丽、绚烂而富有变化。此时建筑构件进一步标准化,各建筑施工工艺方法以及工料估算等都有明确规定,既提高了设计水平及质量,又提高了施工速度及效率。这集中表现在《木经》和《营造法式》两部具有历史价值的建筑文献上。另外,在这两部文献中也规定了不同住宅等级的建筑形式及建筑结构,进一步完善了建筑的等级制度。

　　贵族官僚住宅外部建立乌头门具有独立的门屋,门屋和主要厅堂基本形成中轴线,住宅采用多进院落,四合院形式居多,在院落周围增加住房,以廊屋替代回廊,使四合院的功能和形象发生变化,宅中建有楼阁,楼阁上使用平座,屋顶形式多是悬山式,其上装饰有屋脊兽和走兽。封建等级制度严格,北宋规定除官僚府邸和寺庙宫殿外,其他建筑不得使用斗拱、藻井、门屋及彩绘梁枋。另外,建筑台基高低也表现出等级的差异,在住宅中,重要地位的厅堂处于全宅最高位置,这是对汉、唐住宅规制的进一步继承。

在民居方面,《宋史·舆服志》中记载"庶人舍屋许五架,门一间两厦而已",表明当时平民住宅的基本情况。民居总体较简朴,建筑布局上形式自由,规模大小不一,小型三五间,较大十数间,多以围墙围成院落,小型住宅多采用长方形平面,基本有一字形、工字形、曲尺形和丁字形,其中工字形为多数,其梁架、栏杆、棂格、悬鱼、惹草等都朴素灵活,屋顶多用悬山或歇山顶,茅草屋和瓦屋相结合,而茅草屋占多数。这在宋朝画家张择端《清明上河图》中充分体现出来(见图1-11、图1-12)。另外,在我国云贵川及两广的偏远地区也有相关民居状况的记载,如四川和广东两地"悉住丛菁,悬虚构屋,号阁阑""以高栏为居,号曰干栏"。由于气候及地理特点,这些地区多采用干阑式住宅,建筑形式简单朴素。

图1-11　宋代"丁"字形和"工"字形屋顶平面

图1-12　宋代茅草屋顶民居

4.元明清时期民居

宋朝之后的元朝,是由蒙古族建立的一个王朝。蒙古族逐水草的生活方式,在一定程度上限制了其建筑的多样性;加之,元帝国重武轻文,统治时间短暂,不过百年,所以并未形成完整的住宅制度体系,其住宅形式大多是继承宋制。因此,在这一时期,建筑没有明显突破。

明朝以后的清朝,在政治上尊重汉学,在建筑上则基本继承明朝的建筑形制,最具代表性是清代帝王入住明代帝王所建的北京紫禁城就是很好的例证。所以在中国传统建筑发展史上,明朝应是最后一个高峰。

明朝时期,城市数量比前代有更大的发展,城市面貌更加繁荣,因手工业、商业及交通而形成的城镇得到进一步发展。住宅规模比以往明显扩大,类型丰富,并完善成熟。

明朝住宅的等级制度更为完整和详细,住宅制度的规定集中在《明会典》及《明史·舆服志》之中,其内容经过几次修改,其中洪武二十六年对住宅的规定最为详尽,且具有承前启后的作用,特色较为鲜明。明朝住宅等级制度规定:"一二品厅堂五间九架……三品五品厅堂五间七架……六品至九品厅堂三间七架……功臣宅舍后留空地十丈,左右皆五丈,不许挪动军民居址,更不许宅前后左右多占地,构亭馆,开池塘,以资游眺。""庶民宅舍不过三间五架,不许用斗拱,饰彩色。"建筑住宅共划分五个等级,分别是公侯、一二品、三至五品、六至九品及庶民。其规定比唐朝更严格,但总体住宅规模比唐朝大,即使间数相同,但架数有所增加,即室内空间更高大宽敞。

明朝中后期,制度较宽松,建筑技术明显提高,住宅出现新特色。建筑形式更丰富多彩,主要有北方四合院、窑洞、南方院落式,另外如干阑式、穿斗式及园林住宅等,已逐步定型成熟。

北方住宅以四合院(见图1-13)为代表,其格局为一个院子四面建有房屋,通常由正房、东西厢房和倒座房组成,从四面将庭院合围在中间,故名四合院。院落规模包括一进院落、二进院落、三进院落、四进及四进以上院落。建筑布局以南北纵轴对称布置,大门基本位于东南部,进入大门迎面有影壁(见图1-14),起到装饰遮挡性作用,向西转至前院(外院),再进入前院纵轴上的垂花门(见图1-15)便到达内院。内院面积最大,是整个建筑的核心部分。由于北方比较寒冷,屋顶和墙壁都比较厚重,有利于御寒保暖,而且一般对外不开窗。院内种植花草,较大的四合院还在其后部或左右还开辟园林。

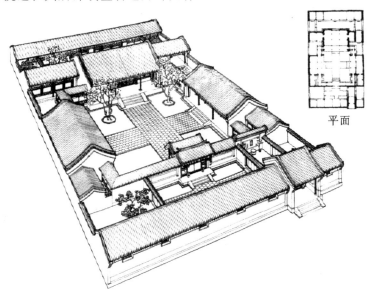

平面

图1-13　北京四合院鸟瞰及平面图

图 1-14 影壁

图 1-15 垂花门

　　秦岭及淮河流域为界，其南部的南方民宅，也大多是以封闭院落为单位，沿着纵轴布置，但不限于南北坐向。大型住宅中央纵轴上建有门厅、轿厅、大厅及住房，左右纵轴布置有客厅、书房、住房、厨房、杂物间等,形成左中右三组纵列院落组,每组之间设置前后交通线夹道,具有巡逻和防火作用。南方属于亚热带和热带地区,为减少太阳辐射及达到通风散热的作用,都采用高墙,同时在院墙和房屋前后开窗,建造外墙及屋顶结构较北方薄,有些住宅还在左右和后部建造园林花园。江淮一带住宅外观多以白墙灰瓦相结合,色调素雅纯净(见图1-16)。

图1-16 徽派民居

窑洞式住宅大部分位于黄河流域中部,集中在河南、山西、陕西、甘肃等省的黄土台地。窑洞住宅一般有两种:一种是靠崖(山)窑(见图1-17),依靠天然崖壁开凿横洞,在洞内加砌砖券或石券,起到加固作用;另一种是在平坦的冈上,挖掘长方形平面深坑,在坑面挖凿窑洞,称地坑窑或天井窑(见图1-18),并通过各种阶梯通往地面。还有在地面上用砖、石、土坯建造一二层的拱券式房屋的锢窑,数座锢窑相连形成锢窑窑院(见图1-19)。

图1-17 靠崖窑

图1-18 地坑窑

图1-19 锢窑

明代住宅类型丰富多样，除了上述几种，还有山地住宅，利用地形高低建造成高低错落的台状地基，再在其上建造房屋，结构为穿斗式结构，悬山或歇山式屋顶，建造外观灵活多变、朴素富有生气。广西、贵州、云南、海南等少数民族聚居地区，则采用底层架空的干阑式住宅。还有客家住宅，主要分布于福建西南部及广东、广西北部，由于客家人是聚族而居，因此产生巨大的群体住宅，主要有院落式住宅（围屋），前方后圆，还有平面是圆形和方形的砖楼和土楼两种（见图1-20、图1-21、图1-22）。另外还有江南明清创造的私家园林，园内山重水复，修竹与繁花相依，亭榭错落有致，以象征的手法再现自然景象，巧妙运用建筑、水体、山石、植物、书法及绘画等

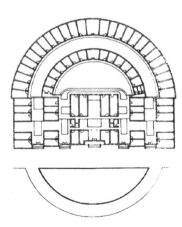

图1-20 梅县南口镇围龙屋

多种造园要素,使园林艺术水平达到了前所未有的高度,标志着私家园林无论从设计理念和手法都走向了完全成熟(见图1-23)。

图1-21 梅县南口镇潘氏德馨堂外观

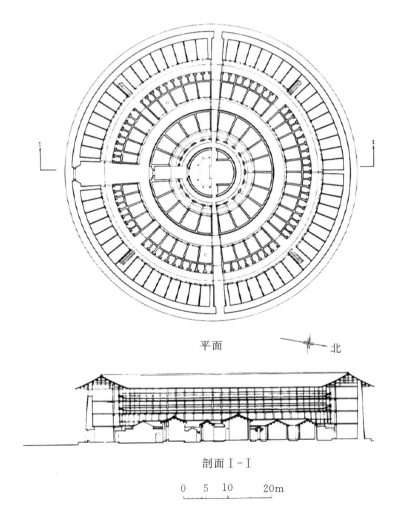

平面   北

剖面 I - I

0 5 10   20m

图1-22 福建永定县客家住宅承启楼平、剖面

图1-23 苏州留园冠云峰

综之，明清建筑是中国建筑精髓的集萃，是历代先民的智慧结晶，中国传统建筑在此时演绎了最后的辉煌并从此走向式微。但无论如何，其丰富的遗存和其散发的卓然不群的文化光芒，仍值得后来者礼赞！

第 二 章

中国传统民居的常见构件及结构形式

第一节 中国传统民居常见构件及形式特征

　　民居构件是民居的有机组成部分,也是我们感知民居艺术特色的重要信息符号,因此,熟知民居的常见构件,对我们解读民居的结构形式和欣赏古代民居具有十分重要的基础意义。

　　中国传统民居的构件种类繁复、数量繁多,结构形式也由于文化和地域的差异而异彩纷呈,由于本章的篇幅所限,我们不可能在此展开全面、深入的研究,只能从图像学的角度,以汉族古民居为主轴,介绍对我们视觉影响较大的建筑构件和结构形式。

一、柱

　　柱是建筑物中直立的起支撑作用的条形构件。中国古民居中柱子主要由柱身和柱础组成。由于柱子在建筑中所处的部位不同,因此,古代匠师们赋予它不同的名字。木、石是柱子的主要用材。

　　(1)柱身(见图 2-1):柱的主体,位于柱础之上,用以支承梁、桁架、楼板等。

　　(2)柱础(见图 2-2):古代建筑构件的一种,又称磉盘或柱础石。它是承受屋柱压力的垫基石。古代人为使落地屋柱不潮湿腐烂,在柱脚上添上一块石墩,就使柱脚与地坪隔离,起到绝对的防潮作用。

　　(3)檐柱(见图 2-1):建筑物檐下最外一列支撑屋檐的柱子,也叫外柱。用以支撑屋面出檐的柱子称为擎檐柱。柱子断面有圆、方之分,通常为方形,柱径较小。

　　(4)金柱(见图 2-1):亦称老檐柱,在檐柱以里,位于建筑内侧。多用于带外廊的建筑。进深较大的房屋依位置不同又有外围金柱和里内金柱之分。

　　(5)瓜柱(见图 2-1):梁柱中两层梁间的短柱和支承脊檩的短柱。

　　(6)垂花柱(见图 2-3):一种垂吊式短柱。在木结构房屋中,木柱子都应该是立在地面或者梁枋上承受重量的,但是也有一种柱子既不立在地面又不立在梁枋上而是悬吊在半空中,这就是垂花柱。

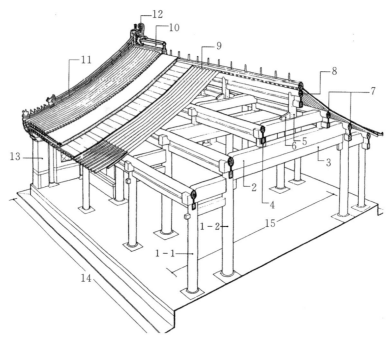

1—柱子(檐柱 1-1、金柱 1-2);2—梁;3—枋;4—柁墩;5—瓜柱;6—脚背;7—檩;
8—脊檩;9—椽;10—正脊;11—垂脊;12—正吻;13—山墙;14—面阔;15—进深

图 2-1　抬梁式木结构及主要建筑构件

图 2-2　柱础

图 2-3　垂花柱

二、梁枋

　　梁枋是用于支撑房屋顶部结构的结实横木。梁是架设在立柱上的横向水平构件,它承受上部构件的重量,并通过立柱传至地面。枋是尺寸比较小的梁,其功能与梁相同。

　　在清代木建筑构架中,往往把与房屋正面垂直方向的称为梁,平行方向的称为枋,但有时又不作严格的区分,所以一般都把这种构件统称为梁枋(见图 2-1)。

　　(1)月梁(见图 2-4):在木结构建筑中,多做平直的梁。但在一些民居中,则将梁稍加弯曲,外观秀巧,形如月亮,故称之为月梁。

图2-4 月梁

(2)元宝梁(见图2-5):一种短梁,形如元宝,故得此名。

图2-5 元宝梁

(3)穿(见图2-6):是"穿斗式"建筑构架中联络两柱的辅助构件。因为两根立柱之间主要靠水平的梁枋联结,穿只在梁枋之外起辅助作用,所以它的尺寸自然比梁枋小。

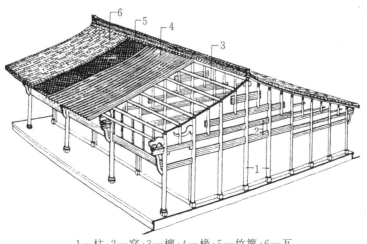

1—柱;2—穿;3—檩;4—椽;5—竹篾;6—瓦

图2-6 穿斗式木构件及主要构件

穿的外形和梁枋一样,有时被加工成月梁形,在一些地方的寺庙、住宅里还可以见到外形更复杂的穿(见图2-7)。

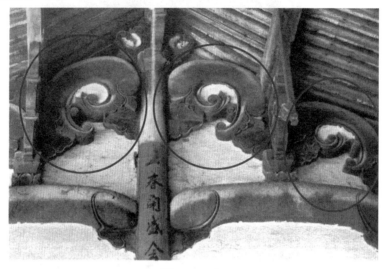

图2-7 穿

三、檩

檩(见图2-1)亦称为桁、桁条、檩子、檩条,是建筑物中的水平结构件,平行于建筑物的正面,垂直于梁,是房子的主要构件之一。

四、椽

椽(见图2-1)亦称"椽子",指装于屋顶以支持屋顶盖材料的木杆,它是屋面基层的最底层构件,垂直安放在檩条之上。

五、瓦

瓦(见图2-6)是铺屋顶用的建筑材料,一般用泥土烧成,形状有拱形的、平的或半个圆筒形的等。

六、斗拱

在立柱顶和横梁(或额枋、檐檩)交接处,从柱顶上的一层层探出成弓形的承重结构叫拱,拱与拱之间垫的方形木块叫斗,两者合称斗拱。一般用以承托伸出的屋檐。

斗拱(见图2-8)是中国建筑中特有的构件,也是中国古代木构建筑中最有特点的部分。明朝以前,斗拱主要是作为结构件存在,明朝以后,斗拱逐渐向装饰性作用转变,清朝时,基本只作为装饰件了,并且只有宫殿、庙宇等建筑还在使用,以显示皇家与神佛的威严与尊贵。

图 2-8　斗拱

七、撑拱与牛腿

1.撑拱

撑拱（见图 2-9）是在檐柱外侧用以支撑挑檐檩或挑檐枋的斜撑构件，用来承托屋檐，其作用和斗拱相似。由于斗拱制作和安装很费工、费时，加之古时规制所限，所以民居中一般用撑拱来代替斗拱，既省工省料，又不逾制，充分体现了民间匠师的智慧。

2.牛腿

牛腿（见图 2-10）和撑拱作用相似，因其侧面造型较之斗拱阔大，极似马和牛的大腿，所以民间称之为牛腿或马腿。

图 2-9　撑拱

图 2-10　牛腿

八、雀替、梁托、花牙子

1.雀替

雀替(见图2-11)是中国古建筑的特色构件之一。宋代称为"角替",清代称为"雀替",又称为"插角"或"托木"。通常被置于建筑的横材(梁、枋)与竖材(柱)相交处,它自柱内伸出,承托梁枋两头,能起到减小梁枋跨度和梁柱相接处剪力的作用,同时还能防止立柱与横梁垂直相交的倾斜变形。

图2-11 雀替

早期建筑上的雀替是一条替木,扁而长,跨在柱头的开槽内,从两头承托左右的梁枋,其长度几乎占梁枋跨度的三分之一。到明清时期,建筑上的雀替形式由扁而长变成高而短了,而且也不是一整条长替木放在柱头内,而是左右各用一块替木。

2.梁托

梁托(见图2-12)作用和雀替相似。它们位于梁枋的两头,从柱中挑伸出来,在结构上有托住梁枋的作用。由于梁枋的高低错落,这时的梁托往往不能对称地处在柱子两侧水平面上,而且形状与大小也并不相同,所以为了与雀替相区别,将它们称为梁托。梁托的形状多呈四分之一圆形,两个侧面上附有木雕装饰,紧贴于梁柱交接处,与弯曲的月梁浑然一体,增添了室内外梁架的整体装饰效果。

图 2-12　梁托

3.花牙子

在一些园林中的游览性建筑例如亭、榭、廊上,与雀替相同的位置有一种类似雀替的构件,名为花牙子(见图 2-13)。它的外形与雀替近似,但却由木棂条形成透空花纹,是一种纯属装饰性的构件。

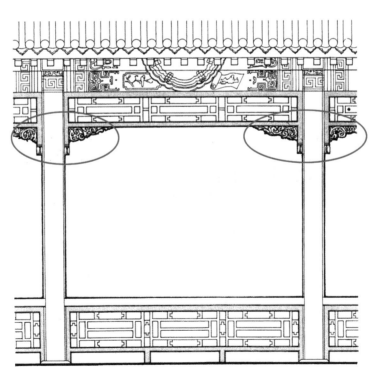

图 2-13　花牙子

九、挂落

挂落(见图 2-14)是挂在室外梁枋之下,柱了两侧的一种装饰,由连续性木雕或木棂雕花组成,形如室内的花罩。

图 2-14　挂落

十、花罩、炕罩

(1)花罩(见图 2-15):是对室内做半分隔的装修构件,它依附于室内梁柱存在。一般采用木质透雕的手法,使室内空间隔而不断,并极富装饰性。

图 2-15　花罩

(2)炕罩(见图2-16):指木床前沿的花罩,用来增加睡眠空间的私密度。

图2-16 炕罩

十一、截间板帐

古代民居中用来分割空间的木制板壁,宋代称为"截间板帐",其作用和墙体类似。

十二、正脊、垂脊、正吻

正脊(见图2-1),又叫大脊、平脊,位于屋顶前后两坡相交处,是屋顶最高处的水平屋脊,正脊两端有吻兽或望兽。

垂脊(见图2-1)是中国古代屋顶的一种屋脊。在两面坡屋顶、歇山顶、庑殿顶的建筑上自正脊两端沿着前后坡向下,在攒尖顶中自宝顶至屋檐转角处。

正吻(见图2-1),也称"吻""大吻",是中国传统建筑屋顶的正脊两端的装饰构件,为龙头形,龙口大开咬住正脊。

十三、开间、面阔、进深

开间(面阔)(见图2-1):木构建筑正面两檐柱间的水平距离,各开间之和为"通面阔",中间一间为"明间",左右侧为"次间",再外为"梢间",最外的称为"尽间"。

进深(见图2-1)指建筑物纵深各间的长度。在建筑学上是指一间独立的房屋或一幢居住建筑从前墙壁到后墙壁之间的实际长度。

十四、中国民居常见的山墙形制

山墙,俗称外横墙。沿建筑物短轴方向布置的墙叫横墙,建筑物两端的横向外墙一般称为山墙。因墙的上端与前后屋顶间的斜坡,形成一个三角形,似古体"山"字,故称"山墙"。古代建筑一般都有山墙,它的作用主要是与邻居的住宅隔开和防火,在有些民居中,山墙也具有承重的作用。山墙主要有以下几种形制:

1. 人字形山墙

人字形山墙(见图2-17)是最为典型的山墙形式,由于其正立面形似古体字"山",故名山墙。山墙比较简洁实用,修造成本也不高,民间多采用。

图2-17 人字形山墙

2. 锅耳形山墙

锅耳形山墙(见图2-18)又称镬耳墙,其正立面形似锅耳,故得此名。此墙顶线为流动的曲线,线条优美,在岭南地区民居中十分流行。按照民间的说法,它是仿照古代的官帽形状修建的,取意"前程远大"。锅耳墙不但大量用在祠堂庙宇的山墙上,一般百姓的住宅也常运用。

在广东有些地区,锅耳墙经过演化,变为波浪形(见图2-19),此种墙形顶线更为曲折飘逸,更显风姿。

图 2-18 锅耳墙

图 2-19 波浪形山墙

3.马头墙

马头墙(见图 2-20)又称风火墙、封火墙等,因形状酷似马头,故称马头墙。马头墙是汉族传统民居建筑流派中赣派建筑、徽派建筑的重要特色。

图 2-20　马头墙

十五、中国民居的大门

门是建筑物(或区域)与外界的出入口,内外空间的连接点,具有防卫和界定空间的双重作用,是建筑物(或区域)的重要构件。《说文解字》中释门曰:"从二户,象形。"作为出入口的门户,被中国人称为"门面""门脸",这说明了人们对于门的关注和看重,千百年来被中国人赋予了特殊的文化意义。

门是民居的脸面,有财势的人家将大门修建得华丽突出,即使一般人家,也很讲究大门的装饰。因此,中国民居的大门内容丰富,变化多端。

民居研究学者王其钧先生认为,中国的门可以分为两大系统,一是划分区域的门,另一是作为建筑物自身的一个组成部分的门。即如梁朝顾野王在《玉篇》中所说:"在堂房曰户,在区域曰门"。

划分区域的门多以单体建筑的形式出现,包括城门、台门、屋宇式大门、门楼、垂花门、牌坊门等。而建筑自身的门则是建筑的一个构件,如实榻门、棋盘门、屏门、格扇门等。

1.划分区域的门

(1)屋宇式(独立式)大门。

独立的屋宇式大门是一种高规格的区域性大门,门体建筑无论是造型或者是功能都具有高度独立性和完整性。一般只能用于重要区域的南面正门。因其规格较高,所以大多用于皇宫、寺庙等地。屋宇式大门大多呈多开间的门殿形式,前后檐完全敞开,门面开阔气派,如故宫的太和门、乾清门、宁寿门等(见图 2-21)。

图 2-21 故宫太和门

（2）门塾式大门（塾式大门）。

门塾式大门（见图 2-22），一般是指将院落临街排房（倒座房）的中央开间（或东开间）作为门，而两侧（或一侧）仍作为房间使用的大门形式。这种门之所以被称为"塾式大门"，是因其两侧（或一侧）的房间在早期时叫做"塾"，《尔雅·释宫》中就说"门侧之堂谓之塾"。两塾相对，夹门而设，便出现了"门塾"一词。

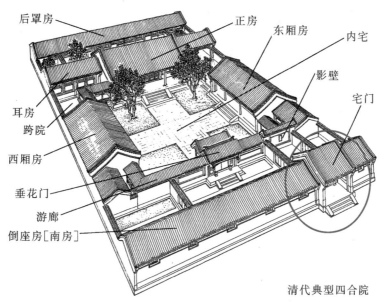

清代典型四合院

图 2-22 门塾式大门

在我国古代，门的造型、装饰和开间数量关系到尊卑等级，是身份地位的象征，所以，在许多朝代对门的建造规格都制定了一套极为严格的制度予以规范。一般来说，公主、王府大门可以用三到五开间（见图 2-23），一般官员住宅及普通百姓住宅的大门只有单开间，并且多是门塾式大门。并且，就单开间大门来说，也是有不同等级的。例如，北京四合院中的广亮大门、金柱大门、蛮子门、如意门等,代表了这种单开间大门的不同等级。

图 2-23 王府大门

①广亮大门(见图 2-24)。广亮大门是四合院宅门的一种,属于墅式大门,在等级上仅次于王府大门,是各种四合院大门中等级最高的一种。

其重要特点是房山有中柱,门扉位于中柱的位置,将过道一分为二,过道在门扇内外各占一半。

广亮大门一般位于宅院的东南角,一般占据倒座房东端第二间的位置。它的进深略大于与它毗邻的房屋,显得非常突出。广亮大门的台基高于邻屋台基,柱高也明显高于倒座房,从而使它的屋面在倒坐房中突兀而起,增添了大门的气势,格外显赫,房主由院内出来,有居高临下之势,客人由外向内进,又有步步高升之意。

广亮大门的屋顶为硬山式,上覆小青瓦。屋脊为跨草屋脊形式,也就是在正脊两端以雕刻花草的长方柱体结束,并以似翘起的鼻子作装饰。整体造型朴素灵秀。

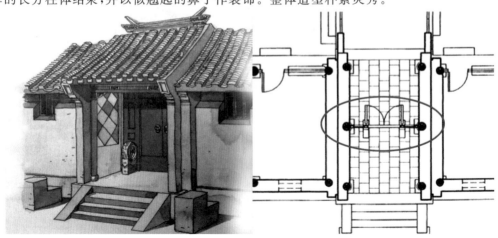

图 2-24 广亮大门

②金柱大门(见图2-25)。金柱大门等级略低于广亮大门。

金柱大门与广亮大门的区别主要在于,它的门扉是装在了中柱和外檐柱之间的外金柱位置上,而不是设在中柱之间,并由此得名。这个位置,比广亮大门的门扉向外推出了一步架(约1.2~1.3m),门扇外面的过道浅而门扇里边的过道深。

此外,金柱大门的屋脊为平草屋脊,正脊两端用雕刻花草的盘子和似翘起的鼻子作装饰。金柱大门门前的台阶不似广亮大门的台阶两边有垂带,而是前、左、右三面均为阶梯,都可踩踏。

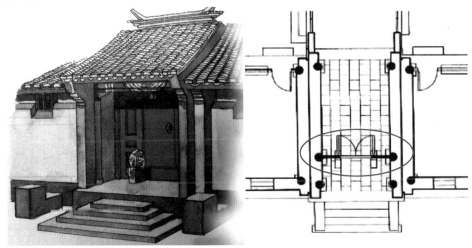

图2-25 金柱大门

③蛮子门(见图2-26)。蛮子门也是北京四合院的一种垫式宅门,形制等级低于广亮大门、金柱大门,是一般商人富户常用的一种宅门形式。

蛮子门的主要结构特征是将槛框、门扉等安装在前檐檐柱间,门扉外面不留容身的空间。这在气势上虽不及广亮及金柱大门,但其门内部的空间很大,可以存放物品,比较实用。

另外,蛮子门前的台阶是搓衣板状的,没有明显的台阶,而是用砖石的棱角侧砌成搓衣板面似的坡路,这是一种便于车马行驶的、传统的阶梯形式。

蛮子门的屋脊很有特色,为卷棚顶,上为鞍子脊,戗檐处做砖雕装饰,这也是它区别于广亮和金柱大门的显著特征。

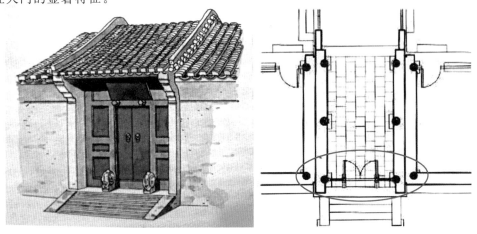

图2-26 蛮子门

④如意门(见图2-27)。比蛮子门更低一级的是如意门,是北京四合院最为普遍的一种墩式宅门。如意门的基本做法是在前檐柱间砌墙,正面除门扇外,均被砖墙遮挡住。

如意门这种宅门形式,多为一般百姓所用,其规格虽然不高,但不受等级制度限制,可以随意进行装饰,它既可雕琢得无比华丽精美,也可以做得十分朴素简洁,一切根据主人的兴趣爱好和财力情况而定。比如许多如意门都有大面积的砖雕,朴素但不失华美。

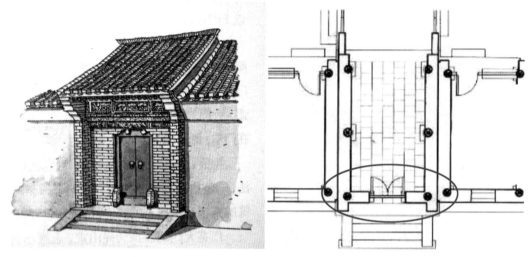

图2-27 如意门

⑤我国南方的门墩式大门(见图2-28)。门墩式大门不光在北方四合院常见,在南方民居中也多有运用。通常是在三至五开间的建筑中开间的部位设门,门扇靠近前檐柱安装,后檐柱间安装四扇屏门。规模较大的门墩式大门,宽度也有达到三个开间,不过真正进出入的部分一般只有一个开间,安装有两扇攒边板门。

为了在临街排房中突出入口,墩式大门的屋顶会被刻意加高,这使大门看上去更独立、醒目;有时门的顶部不加高,但是要么是其装饰比较豪华,要么是改变大门的造型,以区别于与其毗连的其他建筑。

(a)

(b)

图 2-28 南方门塾式大门

（3）墙门。

墙门，即在墙面上开设的大门，它是屋宇式和门塾式大门之外，另一种划分领域的门。墙门可大致分为门楼、随墙门、门洞等几种（见图 2-29 至图 2-31）。

这种门的做法比较简便，等级也较低，因为中国古代曾有规定"非品官毋得起门屋"。墙门虽没有了屋宇式大门的隆重，但却更经济实用，形式也较为自由灵活，丰富多彩。

图 2-29 门楼

图 2-30 墙门

图2-31　门洞

（4）垂花门。

垂花门（见图2-32）是一种划分区域的门，它是内宅与外宅（前院）的分界线和唯一通道。因其檐柱为垂花柱，故被称为垂花门。它在北京四合院中比较常见，是四合院中一道很讲究的门，极富观赏性。

图2-32　垂花门

（5）屏门。

屏门（见图2-33）是一种作用和造型都类似屏风的门，故称屏门。一般附于垂花门（或塾式大门）的后檐柱、室内明间后金柱间、大门后檐柱、庭院内的随墙门上，以四扇屏门居多，也有更多的由双数组成的屏门。

屏门起着遮挡内部庭院的作用,只有家中办大事时才开启,平时人们都要在进大门后绕过屏门才能进入庭院。

图 2-33 屏门

(6)牌坊。

牌坊(见图 2-34)是中国古代一种门洞式的建筑,其作用主要是入口标示、行进导向、划分空间、点缀景观。其内容多为表彰功德、科第、德政以及忠孝节义,如功德牌坊、节孝牌坊等。

图 2-34 牌坊

2.建筑自身的门

（1）隔扇门。

隔扇门（见图2-35），也称格扇门，一般指安装于建筑的金柱或檐柱间带格心的门（在有些大型民居内部，也有用隔扇门）。隔扇门轻便、通透、装饰性强。整排使用，根据建筑物开间的尺寸大小，一般每间可安装四扇、六扇或八扇隔扇。隔扇主要由槅心、绦环板、裙板三部分组成，用于分隔室内外或室内空间。

（2）实榻门。

实榻门（见图2-36）的门扇以拼合厚木板组构而成；门扇里面有门闩，以便从院内关闭门户，保障安全；门扇外面有包页、铺首、门钉等金属饰件，既可加固门又有装饰美感。民居中常作为小型院落的外门、屏门或居室门。实榻门不光用于建筑自身，在划分区域的门中也常用，如独立式、塾式大门等。

图2-35　隔扇门

图2-36　实榻门

（3）趟栊门。

趟栊门（见图2-37）是古老的"防盗门"，在广州西关大屋常用。这种大门由三道门构成：第一道是矮脚吊扇门，像两面窗扇，有屏蔽路人视线的作用；第二道门是趟栊门，是由木棂条组成的方木框，中间横架着十几根圆木，可以左右推拉；第三道门是实榻门，由厚木板拼接而成。岭南地区天气炎热潮湿，住宅讲究通风透气，矮脚吊扇门和趟栊门正是起到这种作用，白天家里有人时，通常只关这两道门。

图 2-37 趟栊门

十六、中国民居的窗式

窗是装设在房屋（建筑）顶上或壁上用以透光、通风或观望的口子。一般来说，附属于房屋外墙上的窗有隔声、保温、隔热和装饰等作用，大多安装窗扇；而设于宅院围墙上的窗，大多不设窗扇，以漏窗和空窗居多。

中国民居的窗式到明清时期最为丰富和成熟，且实物留存较多。现存的民居中窗子的形式很多，南北各地的遗存非常丰富多彩，主要形式有长窗、槛窗、支摘窗、直棂窗、空窗和漏窗等。

1. 长窗

长窗（见图 2-38）即是隔扇门，用在江南园林或民居建筑时称为长窗。

2. 槛窗

槛窗（见图 2-39），亦称"半窗"，是一种形制较高级的平推窗，位于殿堂门两侧各间的槛墙上，其窗扇上下有转轴，可以向里、向外开合。

图 2-38 长窗

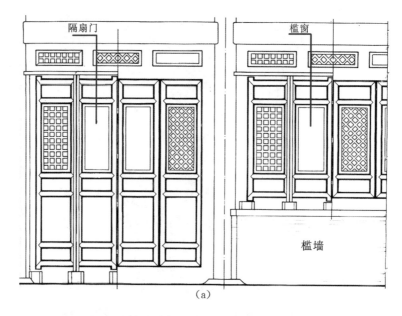

（a）

（b）

图 2-39　槛窗

　　槛窗实际上是一种隔扇窗，它省略了隔扇门的裙板部分，而保留了其上段的槅心与绦环板部分。槛窗与隔扇门连用，位于隔扇门的两侧，二者的色彩、棂格花形等保持同一形式，艺术效果统一、规整。

　　皇家建筑上的窗子大多为槛窗形式，而在民居建筑中，一些较大型的住宅和寺庙、祠堂等也多有运用。

　　我国南方的民居建筑比北方地区更多地采用槛窗形式。这主要是因为它是通透的花式棂格组成，便于通风。不过，南方民居中的"槛墙"有些不是用砖砌成，而多用木质材料。

　　3. 支摘窗

　　支摘窗（见图 2-40）亦称和合窗，是一种可以支起、摘下的窗子。在我国北方，支摘窗常分内外两层，上下两排，内层固定可以安装窗纱或糊窗户纸，外层可以支摘，上排的支窗可支起来便于通风，下排的摘窗可摘下，使用方便。南方则常常为单层支摘窗。并且，在南方的园林建筑中,支摘窗有时采用上下多排的形式。

（a）

（b）

图 2-40　支摘窗

支摘窗广泛用于南北各地汉族民居建筑中。在一些次要的宫殿建筑中也有所使用。

4.直棂窗

直棂窗（见图 2-41）是用直棂条在窗框内竖向排列有如栅栏的窗子,是一种比较古老的窗式。

图 2-41　直棂窗

5. 空窗

空窗（见图2-42）是指没有窗棂只有窗洞的窗式。多用于园林的园墙，营造框景的艺术效果。有单独设置，但常常是多个空窗沿着园墙横向设置，以达到步移景异的景观效果。

空窗作为框景的"景框"，其造型极富变化，千姿百态，极大地提高了民居的艺术内涵。

6. 漏窗

漏窗（见图2-43）一般是指有窗棂但不能开启的窗子。漏窗，俗称花墙头、花墙洞、漏花窗、花窗，是一种极具装饰性透空窗，其窗棂造型形式灵活多样，装饰着各种镂空图案，供人欣赏，同时，透过漏窗可隐约看到窗外景物，使内外空间隔而不

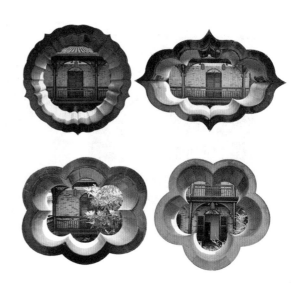

图2-42　空窗

断。漏窗是中国园林中独特的建筑形式，也是构成园林景观的一种建筑艺术处理工艺，通常作为园墙上的装饰小品，多在走廊上成排出现，江南宅园中应用很多，窗框形式有方、横长、直长、圆、六角、扇形及其他各种不规则形状，不胜枚举。

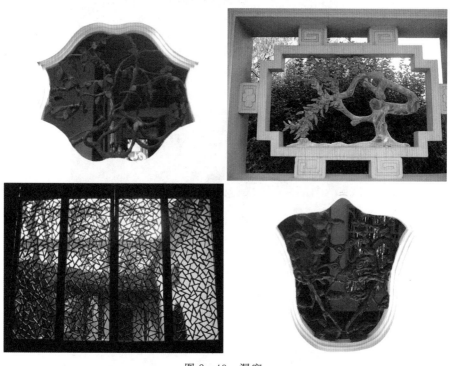

图2-43　漏窗

第二节 中国传统民居的结构形式

　　民居的结构形式决定着建筑的外造型和内部空间组合特征,不同的结构形式会带来不同的空间感受。而建筑的墙体、屋顶的构建形式是决定我们感知建筑型体和空间的决定性要素。

　　中国民族众多,由于文化和地域环境的差异,民居结构形式非常多,因此建筑结构也各有特点。不过总体来说,主要以木结构为主,包括抬梁式、穿斗式、干阑式、井干式等结构形式,这些构建形式也直接影响了中国古代民居屋顶和墙体的视觉特征。

一、中国民居常见结构形式

1.抬梁式

　　抬梁式(见图2-1、图2-44)也称叠梁式,是在立柱上架梁,梁上放短柱,短柱上再放短梁,层层叠落直至屋脊,各个梁头上再架檩条以承托屋椽的形式。抬梁式的特点是柱子较粗,结构复杂,要求加工细致,但结实牢固、经久耐用,且内部有较大的使用空间,同时还可做出美观的造型、宏伟的气势。所以在宫殿、庙宇、寺院等大型建筑中普遍采用,更为皇家建筑群所选,是我国木构架建筑的代表。

图2-44 抬梁式

2.穿斗式

　　穿斗式(见图2-6、图2-45)又称立贴式,是我国古代三大构架结构建筑之一。穿斗式构架的特点是柱子较细且密,每根柱子上顶一根檩条,柱与柱之间用木串接,连成一个整体。因柱子较细,造价低廉,因此普通百姓多采用此种构架形式,在我国南方长江中下游各省,保留了大量明清时代穿斗式构架的民居。不过因为柱、枋较多,室内不能形成连通的大空间。

图2-45 穿斗式

3. 干阑式

干阑式(见图2-46)是先用柱子在底层做一高架，架上放梁、铺板，再于其上建房子。这种结构的房屋高出地面，可以避免地面湿气的侵入。它是原始社会巢居形式的演化。

干阑式多用于我国南方多雨地区和云南贵州等少数民族地区，它具有通风、防潮、防兽等优点，对于气候炎热、潮湿多雨的中国西南部亚热带地区非常适用。应用干阑民居的有傣族、壮族、侗族、苗族、黎族、景颇族、德昂族、布依族等民族。

图2-46 干阑式

4. 井干式

井干式(见图2-47)是一种不用立柱和大梁的房屋结构。这种结构以圆木或矩形、六角形木料平行向上层层叠置，嵌接成框状墙壁，上面的屋顶也用原木做成。

图2-47 井干式

井干式结构需用大量木材，因此，不如上面三种形式普及。目前只在我国东北林区、西南山区尚有个别使用这种结构建造的房屋。

二、中国古代建筑常见的屋顶形式

屋顶是我国传统建筑造型非常重要的构成因素。从我国古代建筑的整体外观上看,屋顶是其中最富特色的部分。我国古代建筑的屋顶式样非常丰富,以下就一些常见的屋顶形式予以介绍。

1.庑殿顶

庑殿顶(见图2-48)即庑殿式屋顶,又叫五脊殿。庑殿顶四面斜坡,有一条正脊和四条垂脊,屋面稍有弧度,又称四阿顶,是"四出水"的五脊四坡式。其分为单檐和重檐两种,重檐等级最高。

图2-48 庑殿顶(重檐)

2.悬山顶

悬山顶(见图2-49)是一种两面坡的屋顶形式,特点是屋檐悬伸在山墙以外(又称为挑山或出山)。悬山顶只用于民间建筑,规格上次于庑殿顶和歇山顶。悬山顶一般有正脊和垂脊,也有无正脊的卷棚悬山,山墙的山尖部分可做出不同的装饰。

图2-49 悬山顶

3.歇山顶

歇山顶为中国古建筑屋顶式样之一。外形可以说是庑殿顶的下半部和悬山顶的上半部的组合,由一条正脊、四条垂脊、四条戗脊共九脊组成,故亦称九脊殿。歇山顶等级规格上次于庑殿顶。其分为单檐和重檐两种,重檐等级高于单檐(见图2-50、图2-51)。歇山顶也有将正脊做成马鞍形的,称为卷棚歇山顶(见图2-52)。

图2-50　歇山顶

图2-51　歇山顶(重檐)

图2-52　卷棚歇山顶

4.硬山顶

硬山顶(见图 2-53)是一种两面坡的屋顶形式,和悬山顶相仿,区别在于硬山式房屋的两侧山墙同屋面齐平或略高出屋面。

图 2-53 硬山顶

5.单坡顶

单坡顶(见图 2-54)即屋顶只有一个坡面的屋顶形式。它只有一条正脊,两条垂脊。在我国山西晋中、陕西关中地区民居中常用单坡顶。

6.扇形屋顶

扇形屋顶即屋顶呈扇形展开的屋顶架构形式。常见的是两端作歇山处理,屋脊常为卷棚形式,形式活泼,多用于园林建筑,如颐和园的"扬仁风"(见图 2-55)。

图 2-54 单坡顶

图 2-55 扇形屋顶

7.圆形屋顶和方形屋顶

圆形屋顶和方形屋顶即屋顶平面呈圆形或方形的屋顶构架形式。整个建筑具有很强的封闭性,具有很强的防御功能。福建土楼是这种建筑的典型代表(见图 2-56)。

图 2-56 圆形屋顶和方形屋顶

8.攒尖顶

攒尖顶(见图 2-57)是一种锥形屋顶,有四角攒尖、六角攒尖、八角攒尖、圆攒尖数种,又有单檐与重檐之分,重檐攒尖顶较单檐攒尖顶更为尊贵。

图 2-57 攒尖顶

9.盔顶

盔顶(见图 2-58)是攒尖顶的一种形式,形似古代头盔,故得此名。

图 2-58 盔顶(重檐)

10. **十字脊屋顶**

十字脊屋顶(见图2-59)是一种非常特别的屋顶形式,常见的形式是由两个歇山顶呈十字相交而成。目前存留的比较有代表性的十字脊建筑是北京明清紫禁城的角楼。

图2-59 十字脊屋顶

11. **盝顶**

盝顶(见图2-60)是一种屋顶中心为平顶的架构形式。屋顶部由四个正脊围成平顶,下接庑殿顶。盝顶在金、元时期比较常用,元大都中很多房屋都为盝顶,明、清两代也有很多盝顶建筑。如明代故宫的钦安殿、清代瀛台的翔鸾阁就是盝顶。

图2-60 盝顶

12. **囤顶**

囤顶(见图2-61),俗称灰碱土顶,不用瓦片,是中国古代汉族传统建筑的屋顶样式之一。其特征是屋顶略微拱起呈弧形,前后稍低、中央稍高,北方农村民居中常用此样式。

图 2-61   囤顶

除了以上介绍的常见屋顶形式之外,我国西北和西南少数民族聚居地区也存在着许多独具民族特色的屋顶形式。它们或是具有汉族特色的"混合屋顶",或是具有伊斯兰风情的穹顶,也有极具西藏和新疆风情的平屋顶(见图 2-62)。总之,我国多样的民族文化和地理环境给我们留下了丰富的民居遗存,值得我们学习和继承。

图 2-62   其他屋顶形式

第三章

中国传统民居的规划与布局

第一节　中国传统民居的选址与规划

一、风水文化对传统民居选址与规划的影响

风水学，本为相地之术，即临场校察地理的方法，叫地相，中国古代称"堪舆术"，是宫殿建设、村落选址、墓地建设等的方法及原则。风水的历史相当久远，在古代，风水盛行于中华文化圈，是衣食住行的一个很重要的因素。有许多与风水相关的文献被保留下来。由文献中可知，古代的风水多用作城镇及村落选址，还有宫殿建设，后来发展至寻找丧葬地形。

中国人很早就重视地理风水的作用，在上古之时那种恶劣的自然条件下，人们先以树木为巢舍，后来在了解自然和改造自然的实践中，首先对居住环境进行了改造。大约在六七千年前的原始村落——半坡村就坐落于渭河的支流浐河阶地上方，地势高而平缓，土壤肥沃，适宜生活和开垦。

到了殷周时期，已有卜宅之文。如周朝公刘率众由邰迁豳，他亲自勘察宅茔，"既景乃冈，相其阴阳，观其流泉。"（《诗经·公刘》）

战国与先秦时期，是风水理论的形成时期，《史记·樗里子传》载：战国秦惠王异母弟樗里子，生前自选地于渭南章台之东，预言："后百岁，是当有天子宫夹我墓。"至汉兴果然，长乐宫在其东，未央宫在其西。反映了时人对住宅和墓地的选择的重视。秦代朱仙桃所著的《搜山记》，成为风水理论的重要组成部分。

至汉代时，人们已将阴阳、五行、太极、八卦等互相配合，形成了中国独有的对宇宙总体框架认识的理论体系。这个框架是风水学的理论基石，对风水的应用与发展具有特别重要的意义，它使风水由以前人们只是用于卜宅、相宅的机械活动，升华到理论阶段。

魏晋南北朝时代，风水理论已经逐渐完善，如郭璞的《葬书》一直被推崇为风水理论的"经典"。

唐宋时期，风水学普及最突出的表现是《葬书》的流行、罗盘（见图 3-1）的广泛使用。《青

囊奥语》的诞生,使风水学成为一门独立的理论,形成了一定的体系和流源,使风水学与天地相对应。在地理学上则兴起了对山川地形进行考察的热潮,从而促进了风水学理论应用于对山川地形的踏勘。

图 3-1 罗盘

到明清时代,风水活动遍及民间及皇室,出现了刘伯温、蒋大鸿等风水学大师。

我国各地民居在选址与规划方面都遵循着严格的风水规则。他们在建造村落和住宅时,从最初的选址到规划布局再到住宅建造都处处体现风水知识的运用。比如安徽西递、宏村,湖南岳阳张谷英村、广西黄姚古镇等。风水学知识对民居的选址与规划方面有着系统的指导作用,并且经过千百年来的发展,总结出了许多可以遵循的基本原则与方法。这些基本原则与方法至今还在指导民间村落与住宅建造。

1. 整体系统性

古代风水理论思想把环境作为一个整体系统,这个系统以人为中心,包括天地万物。环境中的每一个整体系统都是相互联系、相互制约、相互依存、相互对立、相互转化的要素。风水学的功能就是要宏观地把握各子系统之间的关系,优化结构,寻求最佳组合。我国民居在选址与规划方面一般都遵循着这一整体性、系统性原则,将方位、朝向、地势、地形、水土、植物等作为一个整体看待。

2. 依山傍水

依山傍水是风水最基本的原则之一。山体是大地的骨架,水域是万物生机之源泉。考古发现的原始部落几乎都在河边台地,这与当时的生存环境与状态息息相关。

依山的形势有两类,一类是"土包屋",即三面群山环绕,奥中有旷,南面敞开,房屋隐于万树丛中,湖南岳阳县渭洞乡张谷英村(图3-2)就处于这样的地形。张谷英村的东、北、西三方有三座大峰,如三大花瓣拥成一朵莲花。目前张谷英村有六百多户、三千多人,全村八百多间房子连成一体,村里人过着安宁祥和的生活。

图3-2 湖南岳阳张谷英村

另一类是"屋包山",即成片的房屋覆盖着山坡,从山脚一直到山腰,长江中上游沿岸的码头小镇都是这样,背枕山坡,拾级而上,气宇轩昂。

3.坐北朝南

坐北朝南是我国民居建造所应遵循的基本原则。不仅是为了采光,还为了避北风。风有阴风与阳风之别,清末何光廷在《地学指正》云:"平阳原不畏风,然有阴阳之别,向东向南所受者温风、暖风,谓之阳风,则无妨。向西向北所受者凉风、寒风,谓之阴风,宜有近案遮拦,否则风吹骨寒。"这就是说要避免西北风。因此,中国民居建筑遵循坐北朝南的原则。

4.观形察势

清代的《郇日宅十书》指出:"人之居处宜以大地山河为主,其来脉气势最大,关系人祸福最为切要。"风水学重视山形地势,把小环境放入大环境考察。风水学把绵延的山脉称为龙脉。

龙脉的形与势有别,千尺为势,百尺为形,势是远景,形是近观。势是形之崇,形是势之积。有势然后有形,有形然后知势,势位于外,形在于内。势如城郭墙垣,形似楼台门第。势是起伏的群峰,形是单座的山头。

从大环境观察小环境,便可知道小环境受到的外界制约和影响,诸如水源、气候、物产、地质等。任何一块宅地表现出来的吉凶,都是由大环境所决定的。只有形势完美,宅地才完美。每建一座城市,每盖一栋楼房,每修一个工厂,都应当先考察山川大环境。大处着眼,小处着手,必先后顾之忧,而后富乃大。

5.适中居中

适中,就是恰到好处,不偏不倚,不大不小,不高不低,尽可能优化,接近至善至美。《管氏地理指蒙》云:"欲其高而不危,欲其低而不没,欲其显而不彰扬暴露,欲其静而不幽囚哽噎,欲其奇而不怪,欲其巧而不劣。"说的就是建筑选址与建造的适中居中原则。

6.顺乘生气

中国古代风水理论认为,气是万物的本源,太极即气,一气积而生两仪,一生三而五行具,土得之于气,水得之于气,人得之于气,气感而应,万物莫不得于气。风水理论提倡在有生气的地方修建城镇房屋,这叫做顺乘生气。只有得到滚滚的生气,植物才会欣欣向荣,人类才会健康长寿。

7.水质分析

《管子·地贞》认为:土质决定水质,从水的颜色判断水的质量,水白而甘,水黄而糗,水黑而苦。风水经典《博山篇》主张"寻龙认气,认气尝水。其色碧,其味甘,其气香,主上贵。其色白,其味清,其气温,主中贵,不足论"。《堪舆漫兴》论水之善恶云:"清漣甘美味非常,此谓嘉泉龙脉长。春不盈今秋不涸,于此最好觅佳藏。""浆之气味惟怕腥,有如热汤又沸腾,混浊赤红皆不吉。"

不同地域的水分中含有不同的微量元素及化合物质,有些可以致病,有些可以治病。浙江省泰顺县雅阳镇玉龙山下承天村有一眼山泉,泉水终年不断,当地人生了病就到泉水中浸泡,具有很好的疗效,后经检验发现泉水中含有大量的放射性元素氡。云南腾冲县有一个"扯雀泉"(见图3-3),泉水清澈见底,但无生物。经科学家调查发现,泉水中含有大量的氰化酸、氯化氢等巨毒物质。

图3-3　云南腾冲县扯雀泉

因此,中国传统风水文化在中国民居的选址与规划上起着重要的指导作用,古人在建造村落和住宅时,严格按照风水知识来选定合适的场地与方位。风水学是一门传统学问,对古代建造行业起着举足轻重的作用。在今天的建筑与规划设计中,应该借鉴风水学里的有益经验与原则,使传统意义上的风水学在当今城市建设中发挥其积极的作用。

二、自然气候对民居选址与规划的影响

中国地域广阔,各种民居建筑形式极其绚丽多彩,令人目不暇接。民居结合地形,强调选

址和环境,重视大气候的影响和小气候的调节,有相对恒定的模式。这些民居主要源于两大体系,即远古的南方巢居和北方穴居,通常称作"南巢北穴"。在寒冷地区的建筑布局紧凑封闭,采用高墙厚重型结构,只开少数小窗,在多雪地带采用大坡度屋顶。在炎热、多雨潮湿地区用大开口、易通风的开放形式,特别是庭院和天井是民居中的采光通风口。高深的天井对风产生的吸力增强,通风量加大,也遮挡了强烈的太阳辐射。另外,小天井、敞厅、趟栊、推拉天窗、檐廊、冷巷和风火山墙等都是采光、通风、隔潮、避热、防雨和防风等行之有效的办法。对于木构建筑,由于木材具有良好的吸收水分的能力,能够调节房间内的湿度,使室内保持比较恒定的湿度。同时,中国的气候由北向南呈由冷变暖的趋势,决定中国传统民居庭院空间由北向南呈由大变小的趋势。这是因为北方太阳高度角低、气温低,房屋之间需要足够的间距才能保证获得充分的日照以保暖;南方太阳高度角高、气温高,房屋之间需要较小的间距才能形成阴凉以降温。比如,北京四合院和徽州民居作为一南一北两个气候区传统民居的代表,其庭院空间的差异,可以明显地看出气候对庭院空间的影响。北京四合院庭院空间开阔宽敞,徽州民居庭院空间狭小而窄高。这是因为北京地区低温日数较多,开阔宽敞的庭院空间方便获得阳光,以达到保暖的目的;且宽敞的庭院空间也方便夏季风的进入,以起到降温的作用。徽州地区高温日数较多,狭小的庭院空间可以阻挡阳光,形成阴凉,起到降温的作用;且窄高的庭院空间也利于形成热压通风,达到降温排湿的目的。草原的蒙古包、西南的吊脚楼、陕北的窑洞、闽南的土楼、广西的麻栏、高原的碉房、傣家的竹楼等,也都体现了自然气候对民居选址与规划的影响。下面分别从不同地区的民居建制来说明自然气候对民居选址与规划的影响。

1. 严寒地区

(1)蒙古包(见图3-4)。由于北方气候变化骤烈,冬季气温低且风沙大,日照强烈,草原上传统的居住形式——蒙古包用羊皮覆盖,以枝条做骨架,构造简单,便于拆装和携带,适合牧民逐水草而居的游牧生活方式。圆形建筑平面的散热面积小,也有利于抵抗风沙。

图3-4 蒙古包

(2)西藏碉房(见图3-5)。西藏海拔高,气候变化骤烈,日夜温差大,冬季寒冷,太阳辐射强,加上气候干燥,雨量稀少,植被短缺,因此民居多依山而建,以石块作为主要建筑材料,形成外为石墙、内为密梁木楼层的楼房。平屋顶、厚墙、窗小、封闭式天井或院落,可以防风、保温和减弱日晒。

图 3-5　西藏碉房

2.寒冷地区

(1)北京四合院(见图 3-6)。北京冬季寒冷、干燥,风沙较大,夏季偏热。四合院建筑形式可创造较舒适的微气候。房屋由垣墙包绕,对外不开敞,面向内院,主要居室朝南,在南向开大窗,北向只开小高窗。有适当的挑檐,冬季可获得较多日照,夏季又可遮阳。庭院面积较大,院内栽植花木,摆设鱼缸鸟笼,形成安静闲适的居住环境。这种布局在防风沙和防噪音干扰等方面比较理想。

图 3-6　北京四合院

(2)陕西、河南等黄土高原窑洞(见图 3-7)。陕西、河南阳光充足,干旱少雨,木材资源缺乏,地形上沟壑纵横交错,而且黄土高原土质好,地下水位低。因此,窑洞利用土层保温蓄热,改善室内热环境。陕北的沿崖窑洞利用山地地形,效果更好。窑洞除了适合人畜居住,还是一个良好的天然冷藏库。但窑洞通风不良也造成了窑洞内湿度大和空气污浊。

图 3-7 西北窑洞

3.夏热冬冷地区

(1)吐鲁番民居(见图 3-8)。吐鲁番地区属于典型的温带干旱气候,夏季酷热、干燥,吹热风,冬季较寒冷;降水量少,降水变率大,有少量冬雪,同时日照率高,云量少,气温变化急剧,年温差大。因此在民居布局上前、后房相连,附以厨房、马厩,围合成封闭的院落。这种内院式的密集组群布局,有冬暖夏凉的效果。民居一般有两层,保温隔热,土墙厚,少开窗,开小窗。多设地下室并设置"风兜",盛夏穴地而居("凉房")。午间酷热难忍时,当地居民一般在半地下室休息,早晨和傍晚多在葡萄架下的庭院或居室中活动。夜间喜欢在带通风间层的隔热屋顶平台或顶层廊下露宿。

图 3-8 吐鲁番民居

（2）四川山地住宅。四川盆地多是山地丘陵，住宅为适应地形，发展为多种方式。其特点是灵活自由，经济便利。由于盆地炎热多雨，阴雾潮湿，因此，与许多地区封闭禁锢的形式相反，该地区住宅比较开敞外露，外廊众多，深出檐，开大窗，给人以舒展轻巧的感觉。

4. 夏热冬暖地区

（1）广州西关大屋（见图3-9）。广东地处亚热带，气候炎热，湿度大，雨量充沛，多台风。广州的高温天气时间长，西关大屋的设计采用整齐封闭的外墙以减少太阳辐射，也能防火和保持私密性。建筑利用起伏的坡屋面、小庭院、天井、敞厅、青云巷、天窗、高侧窗、疏木条、各种通透的门窗来组织自然通风。规模大的西关大屋还带有园林、戏台等。西关大屋是富有岭南特色的传统民居。

图3-9　西关大屋

（2）岭南骑楼（见图3-10）。岭南温热气候使其在一年之中热长、冷短、风大、雨多，所以建筑的隔热、遮阳、通风、避湿、防台风的要求和处理，就形成了其建筑的特点。骑楼这种南方地区较常见的商住建筑一般为两至三层，第一层正面为柱廊，所有建筑用柱廊串联起来，就构成了公共的人行交通通道。骑楼的下面为商铺，上面为住宅，住宅向外突出，跨越人行步道，为顾客遮阳避雨，收到"暑行不汗身，雨行不濡履"的效果。建筑的通风、采光、给排水、交通依靠天井、厅堂和廊道解决。高墙窄巷使大部分地方处于建筑阴影内，深幽的天井有良好的抽风作用，开敞的廊道也有利于通风除湿。这种高建筑密度的布局手法看似不佳，实际上对于当地气候具有很强的适应性。

图3-10　岭南骑楼

5.温和地区

（1）西双版纳"干阑"（见图3-11）。云南西双版纳属于亚热带气候,常年气温高,年降雨量大。居住于此的傣族居民为适应当地潮湿多雨的气候条件,就地取材,用竹木建造了干阑式住宅,底层架空,四周无墙,只有几排柱子支承上面的重量,木或竹的楼面留缝,使较凉的空气从底层透入,改善微气候。底层一般用作厨房、畜圈和杂用,二楼储藏粮食。底层和第二层外墙不开窗,上两层为住房,向外开窗,内侧为廊,连通各间。设凉台,屋顶坡度较大,多采用"歇山式"以利屋顶通风,飘檐较远,重檐的形式有利于遮阳、防雨。平面呈四方块,中央部分终日处于阴影区内,较为阴凉,为族人议事、婚丧行礼及其他公共性活动用。

图3-11　西双版纳干阑

（2）云南彝族"一颗印"（见图3-12）。云南高原地区四季如春,冬温夏凉,干湿季分明,日照较强,多雾且有雷暴。住宅空间像凹斗,便于通风,尤其是内院起着通风、采光和排水的作用。墙厚(夯筑或土坯)、瓦重(筒板瓦),外墙很少开窗。由于当地春季风大,这样处理有利于防风避寒。其布局十分紧凑,常见形式为"三间两耳",即正房三间,东西厢房各两间,组合成高度和面宽都相近的方形院落,因其平面和外观酷似一颗方正的印章,故名"一颗印"。

图3-12　云南一颗印

第二节 中国传统民居的布局特点

一、北方合院式民居

合院式住宅也称为宫室式或庭院式住宅，是中原汉民族传统居住建筑的主要形式。其以庭院为中心，在庭院四边布置房屋，正房坐北朝南，耳房配列东西，倒座居南朝北，形成一个中轴对称、左右平衡、对外封闭、对内开敞向心、方整的平面型制。这种居住模式的普遍采用，与中国长期封建社会的儒家礼制秩序的哲学思想理念有着深刻的内在联系。从北方的北京四合院、山西合院到南方的闽南民居或到远离中央且地处偏僻地区的四川、云南等地的民居，都现存有大量合院式民居。

北方合院式民居的形制特征是组成院落的各幢房屋是分离的，住屋之间以走廊相连或者不相连，各幢房屋皆有坚实的外檐装修，住屋间所包围的院落面积较大，门窗皆朝向内院，外部包以厚墙。屋架结构采用抬梁式构架。这种民居形式在夏季可以接纳凉爽的自然风，并有宽敞的室外活动空间；冬季可获得较充沛的日照，并可避免寒风的侵袭，所以合院式是中国北方地区通用的形式，盛行于东北、华北、西北地区。合院式民居中以北京四合院最为典型（见图3-13）。完整的北京四合院大多是由三进院落组成，沿南北轴线安排倒座房、垂花门、正厅、正房、后罩房。主院落一般有东西厢房，正厅房两侧有耳房。院落四周由穿山游廊及抄手游廊将住房连在一起。大门开在东南角。大型住宅尚有附加的轴线房屋及花园、书房等。宅内各幢住房皆有固定的用途：倒座房为外客厅及账房、门房；正厅为内客厅，供家族议事；正房为家长及长辈居住；子侄辈皆居住在厢房；后罩房为仓储、仆役居住及厨房等。这种住居按长幼、内外、贵贱的等级秩序进行安排，是一种宗法性极强的封闭型民居。属于合院式的民居尚有以下几种：晋中民居，其院落呈南北狭长形状；晋东南民居，其住房层数多为两层或三层；关中民居，除院落狭长以外，其厢房多采用一面坡形式；宁夏回族民居，其布局形式较自由，朝向随意，并带

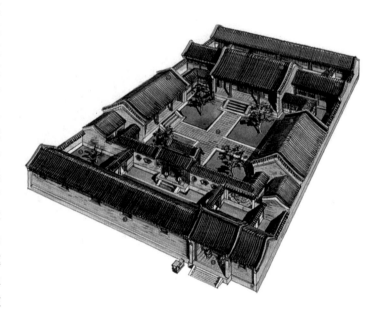

图3-13 四合院布局示意图

有花园;吉林满族民居,院落十分宽大,正房中以西间为主,三面设万字炕;青海的"庄窠民居"是平顶的四合院,周围外墙全为夯土制成。

二、皖南民居

皖南民居(见图3-14、图3-15)是风格较为鲜明的汉族传统民居建筑,以位于安徽省长江以南山区地域范围内、以西递和宏村为代表的古村落,以徽州(今黄山市、绩溪县及江西婺源县)风格和淮扬风格为代表。徽州民居有强烈的徽州文化特色,其他皖南民居则深刻凸显其文化过渡地带风格特征,其与江北、皖北差异较大,今皖北皖中多模仿此类风格仿制仿古建筑。

图3-14 宏村

图3-15 皖南民居布局示意图

皖南民居以保存了大量明清时期的古建筑而闻名。今存徽州明清时期的皖南民居古建筑群主要集中在黟县、歙县、绩溪、休宁等地。皖南古村落一般由牌坊、民居、祠堂、水口、路亭、作坊等组成。民居的布局一般是以天井为中心的三合院或四合院，两层高度。大型宅院采用多院落组合。有的古民居，四周均用高墙围起，谓之"防火墙"，远望似一座座古堡，房屋除大门外，只开少数小窗，采光主要靠天井。这种居宅往往很深，进门为前庭，中设天井，天井的北侧设厅堂，一般住人。厅堂与天井之间不设墙壁与门窗，属于开阔的空间。厅堂后是木质的太师壁，太师壁的两侧为不装门扇的门。太师壁的前面放置长几、八仙桌等家具。厅堂东西两侧，分别放置几组靠背椅与茶几。厅堂后设一堂两卧室。堂室后又是一道封火墙，靠墙设天井，两旁建厢房，为第一进。第二进的结构为一脊分两堂，前后两天井，中有隔扇，有卧室四间，堂室两个。第三进、第四进或者往后的更多进，结构大抵相同。这种深宅里居住的一般为一个大家族。随着子孙的繁衍，房子也就一进一进地套建起来，故房子大者有"三十六天井，七十二槛窗"之说。这种高墙深宅的建筑与族居方式，在国内外是罕见的。

另外，徽派建筑大门，均配有门楼，主要作用是防止雨水顺墙而下溅到门上。一般农家的门楼较为简单，并刻一些简单的装饰。富家门楼十分讲究，多有砖雕或石雕装潢。徽州区岩寺镇的进士第门楼为三间四柱五楼，仿明代牌坊而建，用青石和水磨砖混合建成，门楼横枋上双狮戏球雕饰，形象生动，刀工细腻，柱两侧配有巨大的抱鼓石，高雅华贵。门楼体现了主人的地位。

三、江浙水乡民居

在长江流域江浙水乡三角洲平原上，以太湖为中心散布着中国著名的水乡城镇，比如乌镇、同里、西塘、周庄、绍兴等。江浙水乡所处的长江三角洲和太湖水网地区，气候温和，季节分明，雨量充沛，因此形成了以水运为主的交通体系，同时也塑造了极富韵味的江南水乡民居的风貌与特色。

江浙水乡民居（见图3-16）以集镇的形式出现，其整体布局框架，主要是根据水体与集镇的组构关系形成的，包括沿河流湖泊一面发展的布局、沿河两面发展的布局、沿河流交叉处发展的布局、围绕多条交织河流发展的布局等四类。

图3-16　西塘民居

江浙水乡民居普遍的平面布局方式和北方的四合院大致相同，在自然条件允许的情况下，都是坐北朝南，注重前街后河，注重内采光，只是一般布置紧凑，院落占地面积较小。

江浙水乡民居在单体上以木构一、二层厅堂式的住宅为多,为适应江南的气候特点,住宅布局多穿堂、天井、院落。住宅的大门多开在中轴线上,迎面正房为大厅,后面院内常建二层楼房。由四合房围成的小院子通称天井,仅作采光和排水用。因为屋顶内侧坡的雨水从四面流入天井,所以这种住宅布局俗称"四水归堂"。水乡多河的环境出现了水巷、小桥、驳岸、踏渡、码头、石板路、水墙门、过街楼等富有水乡特色的建筑小品,组成了一整套的水乡居住环境。

苏州民居为江浙地区典型的水乡民居,主要分为三大类型,分别为大型民居、中型民居、小型民居(普通民居)。苏州民居除了具有水乡民居的共性外还有自己的特色。总体来讲,苏州的普通民居以街坊形式构成群体,因为城内被道路河流分割为不同的居住区,多是前街后河的形式,面窄而进深长的房屋多垂直于河岸建造,背面多以天井方式形成小院。一个围合的天井被称作"一进",是苏州民居的最基本单元。苏州的普通民居构造也相对简单、朴素而自然。其虽然规模较小、层高较低,但是平面造型比较多样,有长方形、曲尺形等,有三合院也有四合院形式,都与生活实际和建筑选址密切相关,没有一个既定的形式。其中长方形平面的三合院是最常见的形式,一般为中间天井、前大门、后正房、左右厢房的布局形式。苏州民居也有一些并未沿水而建,但形式上大同小异。

四、岭南水乡民居

岭南水乡聚落的人家多住直头屋,即单间小屋。中小户人家多住明字屋和三间两廊。明字屋为双开间,主间为厅,次间为房,厅前有天井,房后有厨房,独门独户,主要适应于人口少的家庭。大中型住宅基本格局多以"三间两廊"为主,所谓三间,即一座三间悬山顶房屋,明间为厅堂,两侧次间为居室。屋前天井,天井两旁为两廊。天井以围墙封闭。整座房屋平面为规矩的长方形。两廊中,右廊开门与街道相通,一般为门房;左廊多作厨房。民居的门,一般采用脚门(矮脚吊扇门)、趟栊和木板大门,俗称"三件头"。"三件头"大门,既保持了居室的隐密,又利于通风透气,既可观察门外,又有较好的防卫功能,还具有较高的艺术价值,这是岭南建筑求实通透的一个形象的例子。有的在三间后面加建神楼,楼上靠厅的一面有神龛,用以安放祖宗牌位。此民宅模式是包括顺德在内的珠江三角洲乡村最普遍、最典型的标准住宅。水乡聚落各以河涌作分隔的组成部分,仍以三间两廊为基本单位,并联扩大为多进多路大型院落。以三间两廊为基本格式,还可以有许多增删变化。

图 3-17 广州小洲村

小洲村(见图3-17)是目前仅存的较典型的岭南水乡民居。位于广州万亩果园中心地带的海珠区小洲村,这里至今仍保留着岭南水乡最后的小桥流水人家。民居沿河而建,居民枕河而居,随处可见的百年古榕和有年代感的蚝壳屋。在中山、顺德、江门等地区依然保留了许多典型的、富有特色的岭南水乡民居。

五、客家民居——土楼、围屋

闽西的土楼和赣南的围屋,是明清时期独具特色的传统民居,是客家古建文化的代表。

围屋与土楼都是客家人的古民居,都是"围"起来的屋子,都具有"家、祠、堡"的功能,但是土楼和围屋不是一个概念。在建筑材料上,土楼主要是用土,而围屋是用砖石。在建筑规模上,土楼是四层,主房与围墙连为一体;围屋大都是一至两层,与围墙连为一体的是下房,主房建在中央,四角建有高于围屋的炮楼。

土楼(见图3-18)的建筑布局最显著的特点是:单体布局规整,中轴线鲜明,主次分明,与中原古代传统的民居、宫殿建筑的建筑布局一脉相承;群体布局依山就势,沿溪(河、涧)落成,面向溪河,背向青山。还注重选择向阳避风的地方作为楼址。楼址忌逆势、忌正对山坳。若楼址后山较高,建的楼一般较高大,且与高山保持适当距离,使楼、山配置和谐。土楼的建筑布局既采用了古代宫殿、坛庙、官府等建筑整齐对称、严谨均衡的布局形式,又创造性地"因天材、就地利",按照山川形势、地理环境、气候风向、日照雨量等自然条件以及风俗习惯等进行灵活布局。除了结构上的独特外,土楼内部窗台、门廊、檐角等也极尽华丽精巧,实为中国民居建筑中的奇葩。

图3-18　福建南靖土楼

围屋不论大小,大门前必有一块禾坪和一个半月形池塘,禾坪用于晒谷、乘凉和其他活动,池塘具有蓄水、养鱼、防火、防旱等作用。大门之内,分上中下三个大厅,左右分两厢或四厢,俗称横屋,一直向后延伸,在左右横屋的尽头,筑起围墙形的房屋,把正屋包围起来,小的十几间,大的二十几间,正中一间为"龙厅",故名"围龙"屋(见图3-19)。小围龙屋一般只有一至两条围龙,大型围龙屋则有四条、五条甚至六条围龙,兴宁花螺墩罗屋(见图3-20)就是一座6围的围龙屋。在建筑上围屋的共同特点是以南北子午线为中轴,东西两边对称,前低后高,主次分明,坐落有序,布局规整,以屋前的池塘和正堂后的"围龙"组合成一个整体,里面以厅堂、天井为中心设立几十个或上百个生活单元,适合几十个人、一百多人或数百人同居一屋。

图 3-19 围龙屋

图 3-20 兴宁花螺墩罗屋

六、西北、西南少数民族民居

中国少数民族地区的居住建筑风格多样，每个民族的民居建筑都有自己的特色。西北少数民族与西南少数民族的居住建筑无论在布局还是形态上都有诸多差异。如藏族民居"碉房"用石块砌筑外墙,内部为木结构平顶;新疆维吾尔族住宅多为平顶,土墙,一到三层,外面围有院落;蒙古族居住于可移动的蒙古包内。西南各少数民族常依山面水建造木结构干阑式楼房。西南苗族、土家族的吊脚楼一般建在斜坡上,用木柱子支撑建筑,楼分两层或三层,最上层很矮,只放粮食不住人,楼下堆放杂物或圈养牲畜。下面介绍几种典型的西北、西南少数民族的民居布局特征。

1.藏族典型民居

碉房多为三层或更高的建筑。底层为畜圈及杂用,二层为居室和卧室,三层为佛堂和晒台。四周墙壁用毛石垒砌,开窗很少,内部有楼梯以通上下,易守难攻,类似碉堡。平面布置逐层向后退缩,下层屋顶构成上一层的晒台。厕所设在上层,悬挑在后墙上,厕所排泄物可通过孔洞直落进底层畜舍外的粪坑中。碉房坚实稳固、结构严密,既利于防风避寒,又便于御敌防盗。

帐房与碉房迥然不同,它是牧区藏民为适应逐水草而居的流动性生活方式而采用的一种特殊性建筑形式。富有浓厚的宗教色彩是西藏民居区别于其他民族民居的最明显的标志。

2.蒙古族住宅建筑——蒙古包

蒙古包是草原上一种呈圆形尖顶的天穹式住宅,由木栅撑杆、包门、顶圈、衬毡、套毡及皮绳、鬃绳等部件构成。木栅在蒙语里称"哈纳",是用长约2米的细木杆相互交叉编扎而成的网片,具有伸缩性。几张网片和包门连接起来形成一个圆形的墙架,大约60根被称作"乌尼"的撑杆和顶圈插结则构成了蒙古包顶部的伞形骨架(见图3-21)。用皮绳、鬃绳把各部分牢牢地扎在一起,然后内外铺挂上用羊毛编织成的毡子加以封闭,这就完成一个蒙古包的建造了。包内划分为九个方位,正对顶圈的中位为火位,置有供煮食、取暖的火炉;火位正前方为包门,包门左侧,置放马鞍、奶桶,右侧则放置案桌、橱柜等。火位周围的五个方位,沿着木栅整齐地摆放着绘有民族特色的花纹安析木柜木箱。箱柜前面,铺着供家庭成员室内活动就寝的厚厚的毡毯。蒙古族习惯以右为贵,以上为尊,因此,蒙古包内正对火位的一方为尊位,也是招待宾朋的地方;尊位的右侧和左侧,分别是男性和女性成员的铺位。

图3-21 蒙古包构造图

3. 羌族民居

羌族建筑以碉楼、石砌房、索桥、栈道和水利筑堰等最著名。羌语称碉楼为"邓笼"。《后汉书·西南夷传》有羌族人"依山居止,垒石为屋,高者至十余丈"的记载。碉楼多建于村寨住房旁,高度在10～30米之间,用以御敌和贮存粮食柴草。碉楼有四角、六角、八角等形式,有的高达十三四层。建筑材料为石片和黄泥土。墙基以石片砌成。石墙内侧与地面垂直,外侧由下而上向内稍倾斜。四川省北川县羌族乡永安村的一处明代古城堡遗址"永平堡",历经数百年仍保存完好(见图3-22)。

图3-22 永平堡

羌族民居(见图3-23)为石片砌成的平顶房,呈方形,多数为三层,每层高3米左右。房顶平台的最下面是屋檐,伸出墙外,用木板或石板做成。木板或石板上用竹枝覆盖,再用黄土和鸡粪夯实,不漏雨雪,冬暖夏凉。房顶平台是脱粒、晒粮及孩子老人游戏休歇的场地。有些楼间修有过街楼(骑楼),以便往来。

图3-23 羌族平顶房

4.纳西族民居

纳西族民居(见图 3-24、图 3-25)大多为土木结构,比较常见的形式有以下几种,即三坊一照壁、四合五天井、前后院、一进两院等形式。其中,三坊一照壁是丽江纳西民居中最基本、最常见的民居形式。所谓三坊一照壁,即指正房一坊较高,方向朝南,主要供老人居住,两侧配房略低,由晚辈居住,再加一照壁,看上去主次分明,布局协调。上端深长的"出

图 3-24 纳西族民居

檐",具有一定曲度的"面坡",避免了沉重呆板,显示了柔和优美的曲线。墙身向内作适当的倾斜,增强整个建筑的稳定感。四周围墙,一律不砌筑到顶,楼层窗台以上安设"漏窗"。为保护木板不受雨淋,大多房檐外伸,并在露出山墙的横梁两端顶上裙板,当地称为"风火墙"。为了增加房屋的美观,有的还加设栏杆,做成走廊形式。最后为了减弱悬山封檐板的突然转换和山墙柱板外露的单调气氛,巧妙应用了"垂鱼"板的手法,既对横梁起到了保护作用,又增强了整个建筑的艺术效果。通过对主辅房屋、照壁、墙身、墙檐和"垂鱼"装饰的布局处理,整个建筑显得高低参差,纵横呼应,构成了一幅既均衡对称又富于变化的外景。农村建筑与城镇略有不同。一般来说三坊皆两层,朝东的正房一坊及朝南的厢房一坊楼下住人,楼上作仓库,朝北的一坊楼下当畜厩,楼上贮藏草料。天井除供生活之用外,还兼供生产之用,因此农村的天井稍大,地坪光滑,一般不用砖石铺设。

图 3-25 大研古城

5.苗族典型民居——吊脚楼

苗族大多居住在高寒山区,山高坡陡,开挖地基极不容易,加上天气潮湿多雾,砖屋底层地气很重,不宜起居。因而,苗族历来依山抱水,构筑一种通风性能好的干爽的木楼——吊脚楼(见图 3－26)。

图 3－26　凤凰吊脚楼

苗族的吊脚楼建在斜坡上,把地削成一个"厂"字形的土台,土台下用长木柱支撑,按土台高度取其一段装上穿枋和横梁,与土台平行。吊脚楼低者七八米,高者十三四米,占地十二三平方米。吊脚楼一般以四排三间为一幢,有的除了正房外,还搭了一两个"偏厦"。每排木柱一般九根,即五柱四瓜。每幢木楼,一般分三层,上层储谷,中层住人,下层楼脚围栏成圈,作堆放杂物或关养牲畜。中层旁有木梯与楼上层和下层相接,该层设有走廊通道,约 1 米宽。堂屋是迎客间,两侧各间则隔为二三小间为卧室或厨房。房间宽敞明亮,门窗左右对称。有的还在侧间设有火坑,冬天就在侧间烧火取暖。中堂前有大门,门是两扇,两边各有一窗。中堂的前檐下,都装有靠背栏杆,称"美人靠"。

6.傣家民居——竹楼

竹楼(见图 3－27)是傣家人世代居住的居所,它的楼顶,有"诸葛亮的帽子"之美名。傣家竹楼为干阑式的建筑,造型美观,外形像一个架在高柱上的大帐篷。竹楼是用各种竹料(或木料)穿斗在一起,互相牵扯,极为牢固。楼房四周用木板或竹篱围住,堂内用木板隔成两半,内为卧室,外为客厅。楼房下层无墙,用以堆放杂物或饲养家禽。楼室高出地面若干米。竹楼为四方形,楼内

图 3－27　傣族竹楼

四面通风,冬暖夏凉。傣家人喜欢在竹楼周围种植水果等。

7. 侗族民居——鼓楼

鼓楼(见图3-28)是侗寨男女老幼"踩歌堂"或看侗戏的场所。鼓楼至今仍是侗家人议事、休息和娱乐的场所,也是侗族人民团结的象征。

侗族民间有"建寨先楼"之说。每个侗家至少有一座鼓楼,有的侗寨多达四五座。侗寨鼓楼,外型像个多面体的宝塔。一般高20多米,一般11层至顶,全靠16根杉木柱支撑,楼心宽阔,约10平方米,中间用石头砌有大火锅,四周有木栏杆,设有长条凳,供歇息使用。楼的尖顶处筑有葫芦或千年鹤,象征吉祥平安,楼檐角突出翘起,精雅别致。

图3-28　侗族鼓楼

距今有300多年历史的贵州从江增冲鼓楼为宝塔形,双葫芦顶,楼高25米,占地面积160平方米。内有四大柱,每根直径为0.8米,高15米,每柱之间距离为3.6米,构成高耸的锥形方架,为鼓楼的栋梁骨干部分。距内四大柱的外围3米处,竖有8根高3.5米的支柱,将四大柱团团围住,并以穿枋与内四柱相连,呈辐射形状。再叠上数层,每层则用8根短瓜柱层层叠竖,依内四柱将穿枋逐层缩短,紧密衔接,竖到第11层。四大柱的上面即第11层的上面,另立有两层八檐八角的伞顶宝塔,为鼓楼的顶部。

8. 白族民居——另类的四合院

位于苍山脚下、洱海之滨的大理喜洲,是白族民居建筑的精华所在(见图3-29)。据史书记载,这里曾是唐代南诏王异牟寻的都城。

图3-29　白族民居

　　喜洲的民居建筑均为独立封闭式的住宅,类似北京的四合院。一座端庄的民居院落主要由院墙、大门、照壁、正房、左右耳房组成。由于过去人民生活地位不同,所以房屋的建筑格调和形式也有所区别。一般的建筑形式有:"一正两耳";"两房一耳";"三坊一照壁";少数富户住"四合五天井",即四方高房,四方耳房,一眼大开井、四眼小天井;此外,还有两院相连的"六合同春";楼上楼下由走廊全部贯通的"走马转阁楼"等。不过这古老、昂贵华丽的住宅已不被白族人所使用了。现在多是一家一户自成院落的两层楼房。白族民居往往注重门楼、照壁建筑和门窗雕刻以及正墙的彩绘装饰。门楼是整个建筑的精华部分。它通常使用泥雕、木雕、大理石屏、石刻、彩绘、凸花砖和青砖等材料进行装饰。白族居民门窗木雕,无处不闪现着剑川木匠高超的手艺。一般均用透雕和浮雕手法,层层刻出带有神话色彩和吉祥幸福的图案。住宅室内左右为卧室,当中为客厅,放有嵌彩花大理石的红木桌椅和画屏等。

　　照壁(见图3－30)是白族民居建筑不可缺少的部分,院内、大门外、村前都有照壁。照壁均用泥瓦砖石砌成。正面写有"福星高照""紫气东来""虎卧雄岗"等吉祥词句。照壁前设有大型花坛,花坛造型各异,花木品种繁多。

图3－30　白族民居的照壁

第四章

中国传统民居装饰

中国建筑装饰历史悠久,远可追溯到原始社会,在仰韶文化和龙山文化的建筑遗址出土的陶器上已有精美的装饰。陶器上有各种美丽的鱼纹、鸟纹和人面纹及由优美的曲线和各种几何图案组成的带状花纹(见图4-1),从出土的陶器数量可知,当时的原始人已有意识对用品进行装饰,反映了装饰在人们生活中已占据一定地位。

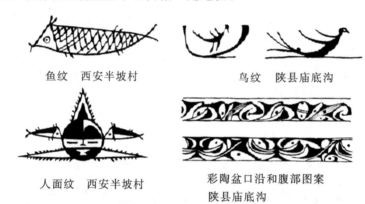

鱼纹　西安半坡村　　　　　　　　鸟纹　陕县庙底沟

人面纹　西安半坡村

彩陶盆口沿和腹部图案
陕县庙底沟

图4-1　仰韶文化纹样

早期的建筑装饰并没有实物遗留,只有通过间接资料了解,如商朝的青铜器等文物上的装饰纹样,表明了中国两千多年前的装饰艺术成就。建筑装饰开始有实物留存,最早应该是周朝,主要有装饰屋面的板瓦、筒瓦及表面凸起的涡纹、卷云纹和铺首纹的瓦当,还有兽头排水管。出土的汉代墓壁画像砖(石)上记载有关建筑装饰信息,瓦当上出现青龙、朱雀、白虎、玄武等灵兽的装饰纹样,装饰图案开始综合运用绘画、雕刻、文字造型等手法。

秦汉以后,经过三国两晋南北朝社会的动荡不安,从帝王贵族到平民百姓都崇尚佛教,希望借此求得解脱,玄学之风盛行,宗教题材的建筑装饰图案频繁出现,在建筑装饰上表现为色彩沉稳、造型粗犷、端庄肃穆、意味深长略带含蓄。

隋唐时期,政治清明、社会安定、国富民强,建筑装饰进入一个鼎盛时期,从石刻和壁画反映出建筑装饰图案进一步成熟,造型线条丰满优美,呈现出华丽丰满、雍容大度的风格。到了宋朝,政治上重文轻武,写实题材花鸟大量出现,建筑彩绘运用普遍,有五彩遍装、青绿彩色和土朱刷饰三种等级,运用退晕、对晕等手法,采用花草、如意、织锦纹等形式(见图4-2),对后代明清彩绘程式有决定性影响。在装饰艺术上表现为典雅、理性、平易近人的艺术风格。

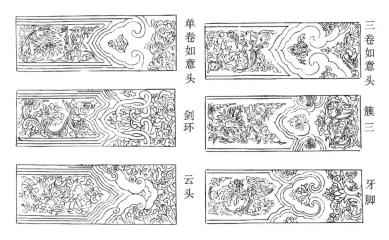

图 4-2　花草如意锦纹彩画纹样

到了元朝,刚好与宋朝相反,从政尚武,统治者是善于骑射的蒙古人,彪悍粗犷大气,建筑装饰上遒劲有力,奔放粗犷。

明朝建筑装饰技术发展日趋成熟,图案趋于柔和细腻,斗拱承重构件演变成为装饰构件,私家园林的成熟促进装饰图案的创新,加之琉璃瓦技术提高,图案和色彩更生动鲜明,风格特征为敦厚精炼、朴实自然,基本具备今天我们所看到的古代建筑装饰特点。然而在等级制度森严的封建社会里,民居建筑不管是建筑规模、建筑结构还是建筑装饰都受到限制,直到清朝后期,开始放宽对民居建筑的限制,此时,南北各地民居住宅装饰发生翻天覆地的变化,中国民居装饰发展达到顶峰。虽然明朝以前民居装饰遗留下的实物较少,而明朝时期保存实物较多,但其装饰手法比较简单。清朝民居装饰实物留存较明朝多,装饰类型丰富多彩,并且极具代表性,因此中国民居装饰论述多以清朝民居装饰为主。

第一节　中国传统民居装饰内容及文化意蕴

中国传统民居中,建筑装饰是民居艺术表现的重要方式之一,它借助不同的材料技术及表现形式,根据不同装饰部位合理选择雕塑、绘画、书法等多种艺术手段加以美化居住环境,以达到既经济美观,又具有艺术感染力。

中国民居装饰手法丰富多彩,由于室内和室外的条件不同,用于室外主要有石雕、砖雕、陶雕、灰塑及嵌瓷,用于室内有木雕、彩绘、绘画及书法等。借助这些装饰手法,通过不同的题材表现在不同的装饰部位,如屋脊、大门、影壁、窗户、梁柱、墙面、匾额、栏杆、家具等。表现题材大体分为三类,即山水题材、花鸟题材及人物题材,通过这些题材寄托居者对美好未来的憧憬,使民居更富有人文气息。

一、山水题材

自古以来,大自然的山水能陶冶人的品性和情操,所以有乐山乐水的情怀。孔子曰:"智者乐水,仁者乐山。"所以在中国传统民居中,山水题材是建筑及装饰的重要内容,通过物化形式,传情达意,在精神上陶冶居住心性及情操。在民居中的物化形式表现在山水园林景观上即私家园林及室内的山水画装饰上。

最早约在西汉时期,王公贵族阶层开始建造私家园苑,在园内注流水、筑假山,堆沙成岛,种植花草及圈养禽兽等。此时,园林带有一种脱离尘世、与自然和神对话的迹象,希望借此达到长生不老。到了魏晋南北朝时期,追求自然风姿与山石之美成为主流,旨在营造返璞归真的山居自然效果,从此中国园林开始有一个整体的发展趋势,大体成熟于隋唐,到了宋代为第一个发展高潮,发展到明清为第二个高潮。

中国园林是一种山水文化,是一种人化自然及审美化自然,体现在美学上和意境上的表达。中国文化偏爱自然山水,它决定中国造园山水成分。造园艺术与中国的山水诗和山水画密切相关,并决定筑山理水的技法和意境等文化内涵。这也和设计者及居住者的素养紧密相关,不少文人雅士和书画家都参与了当时的园林设计活动。如王维、文征明、唐寅等画家都有过造园活动,明朝为最多,因为明朝是园林发展的第一个高潮,如张南阳、计成、文震亨、米万钟、陆迭山、张涟等都参与园林设计,如现存建于明代中后期有拙政园、留园和五峰园等(见图4-3、图4-4)。他们通过园林设计活动并总结出园林造园经验和技术的书籍《园冶》,对后世园林设计产生深远影响。

图4-3　拙政园

图 4-4 五峰园

私家园林与中国山水画有不少相似之处：一是对自然的模仿，表达一种意境和情感在其中；二是将中国山水浓缩在方寸之中，只是园林表现在三维小空间中进行浓缩，绘画则是浓缩在二维平面上，它们的构图手法是相同的；三是人为对自然偏爱及模仿物化的结果。正因这些特质，山水画能为园林设计提供参考与借鉴。更重要的一点是向自然取材，私家园林以自然山水为题材，重点在于造山叠石，引泉理水。园林中的山石有着丰富的艺术感染力，也是全园的视觉中心与重点。特别是苏州园林的造山叠石最为精到，园林怪石嶙峋，高低错落有致，它不讲究体量大小，而是吸收自然名山气势及意境，通过叠石成山，追求山林意境表现名山神韵。山水不分家，有山必有水，"山以水为血脉，以草木为毛发，以烟云为神彩"。水是园林景观重要组成部分，水能滋润万物，孕育人类，给人以无限亲切感。在园林中讲究利用少量的水塑造自然界的江、河、湖、海的水的神韵。水是流动的，无形的水通过驳岸就高低塑造其形态及动感。山水相结合构成私家园林的小世界美景。上至贵族阶层下至普通庶民皆喜爱中国山水，特别到了清代，山水主题的园林或花园在民宅中普遍出现，以苏州园林为最多（见图 4-5、图 4-6）。

图 4-5 沧浪亭

图 4-6 耦园

山水主题在民居室内外皆得到充分运用,室外表现为园林山水或花园,室内则表现为绘画作品,即室外山水为三维,室内山水为二维。山水主题在室内装饰中有两种:一是在建筑固定特征因素的建筑部位以彩绘形式出现,如墙壁、门窗、游廊的檐下、上下夸檐檩、檐垫板和檐枋等部位。二是在民居中的半固定特征因素,即可以搬动的装饰,如厅堂中央挂饰山水画、家具装饰上的山水画、屏风上的山水画及花瓶等其他装饰品上的山水画等等(见图4-7)。可以说中国山水主题深得民心,贯穿整个民居的内内外外,成为民居中重要的装饰装修题材。

图4-7 顺德清晖园玻璃装饰"广州八景"

二、花鸟题材

花鸟题材更多是指动植物题材,在民居中也是最普遍而且重要的装饰内容。早在原始社会,原始人已懂得运用动植物形状作装饰,像水鸟鱼纹、卷叶草等,体现原始人对自然的崇拜及热爱。随着发展,汉朝时建筑的装饰纹样不断增多,开始对其分类,才产生不同类型的题材。其中动植物题材应用较为广泛,并且这些题材隐含吉庆和象征意义,基本做到图必有意,意必吉祥,寄托居者美好愿望。

动物类题材常见有蝙蝠、龟、鹤、狮子、麒麟、鹿、蝴蝶、鸳鸯、喜鹊、鱼等。植物类主要有梅、兰、菊、竹、松、柏、荷花、牡丹、水仙、芙蓉、桂花、百合、海棠、万年青等。花鸟题材主要是借助动植物其自然属性加以延长、引申,起到暗喻作用。如松柏万古长青,龟鹤寿可千年,引申为长寿的象征。还有利用谐音、形声等手法指定动植物的含义。福禄寿其代表是"蝠""鹿""鹤"。蝙蝠的"蝠"字与"福"字相谐音,故广泛被应用,在民居中许多装饰图案都有蝙蝠,并且采用五只蝙蝠代表五福临门。"鹿"与"禄"谐音,鹿也是传说中南极仙翁的坐骑,代表福气与长寿。"鹤"是长寿仙禽,也是代表长寿。再如"鱼"与"余"谐音,代表生活丰裕富足、年年有余,所以鱼的图案也大量出现在民居中(见图4-8)。

番禺余荫山房屋顶蝙蝠装饰　　　　照壁麒麟装饰　　　　照壁狮子装饰

图4-8　动物主题吉祥装饰

　　古人崇德慕贤,追求君子之道,装饰图案多以植物代表其思想品格和精神气质。《楚辞》以兰草比君子,周敦颐《爱莲说》以莲比喻君子,都以植物比拟人格高尚。深得文人墨客喜爱的"岁寒三友"松竹梅,具有坚强不屈、傲雪凌霜的风骨;大受书画家喜爱的梅、兰、菊、竹视为四君子,他们欣赏其品格傲然的高风亮节。再如"国色天香"的牡丹代表着荣华富贵,因"桂"与"贵"谐音,也有象征富贵之义,并且桂子及桂花寄托"贵子"的寓意等(见图4-9)。

图4-9　花窗上的植物主题装饰

　　民居住宅中还有不少以动植物为主题的建筑装饰构件。镇宅驱邪用的狮子,常把守大门口两旁,雄雌相对。运用阴阳五行装饰民居屋顶屋脊等部位的鸱吻、垂鱼,悬山屋顶山尖下部的悬鱼,皆利用五行水克火的特点,希望借此避开火灾,具有压火的意义(见图4-10)。南方民居屋脊脊尾经常以"燕尾脊"和"卷草脊"作装饰(见图4-11、图4-12),具有象征吉祥的意义及友善家门发达高飞的寓意,再如屋檐下方带有佛教图案的垂莲作装饰等。总体而言,花鸟题材不仅以图案作装饰,而且还在住宅建筑构件上以动植物命名,其内容丰富,隐形寓意及具象明意相结合,意味深长,生动传情。

鸱吻 垂鱼

图 4-10 动物主题建筑装饰构件

图 4-11 南方建筑燕尾脊装饰

图 4-12 南方建筑卷草脊装饰

三、人物题材

民居装饰中还有一类重要题材是人物题材。该题材是将日常生活中大家熟悉的民间传说、人物故事及生活习俗融入民居装饰中,具有浓厚的伦理性和哲理性,通过人物故事宣扬中华民族的传统美德——孝、悌、忠、信、仁、义、礼、智等内容,达到德化教育的目的,充分抒发人们对美好生活的期盼及对美好未来的憧憬。

人物题材主要有神话故事、历史典故及生活情境三类。神话故事如"八仙庆寿""八仙过海""封神演义""哪吒闹海""白蛇传""福禄寿三星"等;历史典故如"三国演义""隋唐演义""梁山聚义""岳母刺字""木兰从军""穆桂英挂帅""郭子仪拜寿""二十四孝"等;生活情境如"渔樵耕读""琴棋书画"等(见图4-13、图4-14)。人物题材内容丰富、形式多样,可以用来传承文化,弘扬民族精神,教育感化后世。

图4-13 顺德清晖园花窗上"八仙"装饰

图4-14 广东潮州从熙公祠凹斗门楼石雕"渔樵耕读"

人物题材在民居装饰中还有一类是专用的。家喻户晓的门神装饰于大门两门扇上，南方和北方供奉的门神大多是唐朝名将秦琼和尉迟恭(见图 4-15)，门神装饰于临街大门上，起到镇宅辟邪作用。秦琼和尉迟恭两门神的神像在北京民宅中，其样式也最多，有坐式、有立式、有披袍式、有贯甲式、有步战、有骑马、有舞单鞭双锏、有执金爪，但绝无手持弓箭之像。而南方门神多为站立像，雄伟威武，正气凛然。此外还有灶王爷即灶神。灶王爷神像装饰于灶台之上(见图 4-16)，寄托人们祈求丰衣足食的美好愿望。这些人物题材皆反映居民的风俗习惯及文化特色。人物题材在民居中运用起到画龙点睛的作用，使民居更具人文气息，精气神十足。

图 4-15　南方门神画像

图 4-16　春节祭灶年画

第二节　中国传统民居的装饰形式和手法

　　中国民居建筑作为艺术形式出现,建筑装饰发挥着重要作用。民居能充分利用地方材料、工艺、技术等特色,因地制宜就地取材,通过造型、图案、色彩、陈设等装饰手法装点民居建筑。由于材料的属性、质感、纹理及使用部位大不相同,装饰形式与手法自然丰富多彩,主要有木雕、石雕、砖雕、陶塑、灰雕、嵌瓷、绘画、彩绘、书法、对联、匾额等多种形式相互映衬,并与建筑构件紧密相结合,紧凑而整体,珠联璧合,具有较高的装饰效果和艺术价值。

一、雕塑类

1.木雕

　　中国传统多是木结构,所以木雕装饰在民居中最为常见。木雕广泛应用于民居建筑外檐装饰及室内建筑构件装饰上,它丰富了建筑形象,装饰与功能构件紧密相结合,使技术与艺术达到和谐的统一。

　　木雕历史悠久,在奴隶社会就开始使用,据《周礼·考工记》记载:攻木之工有七,其中有匠梓。匠为匠人,专做营造。梓为梓人,专做小木工艺,包括雕刻。南北朝时采用隐刻技法运用于建筑非承重构件上。唐宋时已对木雕进行较明确的分类,分为线雕、隐雕、剔雕、透雕和圆雕等五大类。宋朝木雕装饰采用贴金技法,明清又进一步发展,题材门类丰富多彩,工艺技术日趋立体化,出现透雕、镂雕和玲珑雕多种技法,装饰构图从明代简洁丰满发展为清代富丽繁复。

　　木雕选材大多用楠木、樟木、椴木等硬质木材,一般用于多层次、高浮雕装饰,再经过水磨、着色及烫蜡等表面加工处理;也有用杉木,其木质脆弱多用于镂空、线雕和浅雕。具体而言,要根据不同部位、不同工艺及艺术效果选择不同材料,达到物尽其用。

　　木雕种类多样,基本分为线雕、隐雕、浮雕、透雕、混雕、嵌雕和贴雕等,具体工艺做法如下:

　　线雕也称线刻,出现最早,做法简单,是以线描凹刻的平面型层次木雕做法。

　　隐雕又称暗雕、阴雕、凹雕或沉雕,是剔地做法的一种,是凹层次木雕做法。

　　浮雕也称浅浮雕、突雕、铲雕,古时称剔雕,根据所需题材在木板上铲凿,逐步加深形成凹凸面,是雕刻中最常见的一种,多用于屏风、屏门、栏板和家具上。

　　透雕也称通雕,广东称"拉花",是一种立体多层次雕刻,雕刻工艺要求较高,先在木料上绘出花纹图案,再按题材琢刻,将需要镂空的地方拉空,再将凹凸地方铲凿出来,有了大体轮廓后进行精细加工磨平。通常在隔扇、屏罩、挂落和家具上使用(见图4-17)。

图4-17 番禺余荫山房深柳堂屏罩木雕

混雕是木雕中各种雕法技巧的综合运用,多用于室内隔断、落地罩和飞罩等处(见图4-18)。

图4-18 东莞可园可堂门罩木雕

　　清朝时期发展出了新形式的贴雕和嵌雕。贴雕是在浮雕基础上,将其他花样单独做出来后,用胶贴饰在浮雕花板上,形成突出形式。嵌雕是在若干层浮雕花面上镶嵌做好的透雕小构件,并逐层钉嵌,使逐层突出,再经细雕打磨而成,一般用于门罩、屏风、屏门上。

　　我国木雕分布广泛,主要有:①北方地区,以北京宫殿、宅第和园林等官式木雕为主,包括山西、陕西等地;②江南地区,以浙江东阳、安徽徽州为代表;③岭南地区,以广东潮州、珠江三角洲为代表,分布在粤、闽沿海地区。这些木雕各具特色,技艺精湛,并流传影响东南亚一带(见图4-19、图4-20)。

图4-19　潮州己略黄公祠屋架上木雕

图4-20　浙江东阳木雕

2. 石雕

石雕具有坚硬、耐磨、耐腐蚀、防水、防潮等优点，多用于室外、经常踩踏的部位或承重构件上，如柱、柱基、梁枋、门槛、栏杆、栏板、台阶等处。宋朝《营造法式》的石作制度将石雕分为剔地起突、压地隐起、减地平钑和素平等四种类型。由于石雕雕刻难度大，材料昂贵，好材难得，所以装饰方面木雕和砖雕占主导地位。明清后石雕技艺日趋简化，但仍保留传统类型及做法，主要有线刻、隐刻、减地平钑、浮雕、圆雕和通雕等技法。

线刻称素平雕法，即在沙石加水打磨的平滑石板面上刻画、放样和施工雕刻而成，多用于台基、柱础和碑石花边部分，主题多以花草纹为主。

隐刻也叫隐雕，即在线刻基础上，沿形象纹路略加剔凿细部，使光平石面上呈露微凸。

减地平钑法，即在隐雕的基础上，将图案以外的部分薄薄打剥一层，再在图案上线刻，这种做法也是最早期的浮雕。

浮雕是立体化的雕刻，即使雕面上的花草、卷叶等题材刻出其深度，富有立体感和表现力。

圆雕是在凿出图案全形后，其细部用混作剔凿，力求表现自然形象。它使用在多尺度的雕刻

图 4-21　雷州石狗

上，加工精度不高，如门前石狮，广东雷州民居村口的石狗大都采用此雕（见图 4-21）。

通雕也称透雕，即在浮雕基础上再进一步加工，达到多层次表现。通雕工艺较复杂，造价高，故建筑较少用，如潮州市潮安丛熙公祠入口凹斗门楼石柱梁架上多采用此法，雕刻精美绝伦（见图 4-22）。

图 4-22　潮州市丛熙公祠凹斗门楼石雕

3.砖雕

砖雕是以砖作为雕刻对象,它介于石雕与木雕之间,具有石雕和木雕的特性,而且经济实惠、省工、刻工细腻、题材丰富、装饰效果朴实,在民居中大受欢迎。砖雕多用于民居大门门楼、山墙墀头、墙楣、墙面、照壁等处,表现风格生动活泼,雕刻类型多样,大体有剔地、隐雕、浮雕、透雕、圆雕和多层雕等(见图4-23、图4-24、图4-25)。

图4-23 门楼上的砖雕

图4-24 墀头与垫花砖雕

图4-25 花窗上的砖雕

砖雕从石雕发展而来,又兼有木雕的特点。其有三大特点:①具有石雕刚毅质感,又有木雕细腻刻画,呈现刚柔与质朴清秀并存的特色;②砖雕材料是青砖,它与墙体材料相统一,使建筑与装饰浑然一体;③砖雕用于室外环境,经打磨处理的青砖有较好的耐腐蚀性和装饰性。

砖雕的青砖必须是色泽光亮质量上乘,砖泥均匀及孔隙率较低。砖雕制作工艺流程复杂,可分为以下几个步骤:

(1)挑选质地和色泽均匀的青砖,按需要尺寸进行抛光和打磨,遇到孔隙用油漆填补,边填补边磨成砖坯。此阶段劳动强度大,通常熟练工人每天只能打磨五块砖左右。

(2)大型砖雕要分若干部分雕刻,拼接工艺上先用水湿润砖块,稍干后用黏结材料黏结,砖缝宽度在0.5～1毫米之间。由于黏结材料与砖色泽相仿,干透后坚固如整砖。

(3)用刻画笔在砖上刻出图案轮廓。砖雕与木雕略有不同,木雕是将画在纸上的图案贴在木材上再雕刻,而砖雕只是略刻出轮廓,剩下工作就全凭师傅腹稿和手艺来完成。

(4)雕刻手法由锯、钻、刻、凿、磨多种相结合,整个过程砖块必须是湿润状态,避免断裂。

(5)最后将刻好成品砖用黏结、嵌砌、钩挂等方法安到预定装饰部位,需准确对位,使砖雕浑然一体。

砖雕在北方应用范围比在南方应该范围更广,如山西乔家大院、王家大院、常家庄园等处大量运用砖雕,岭南地区广州陈家祠堂、番禺余荫山房、顺德清晖园亦都有使用(见图4-26、图4-27),但其使用范围和数量较木雕少。甚至潮汕沿海地区因海风中带有酸性,易受腐蚀,故在民居装饰中极少采用砖雕。但总体而言,砖雕具有多种优点,在民居装饰中广泛应用,为民居装饰增添一道亮丽的风景。

图4-26 广州陈家祠堂砖雕

图 4 - 27　番禺余荫山房墀头砖雕

4. 灰塑

灰塑在民居装饰中也占有一定的地位,特别是南方地区使用较广泛。它是以白灰或贝灰为原材料做成灰膏,加上色彩在建筑上描绘或塑造成形的一种装饰类别。粤中地区灰塑以石灰为主,粤东地区和海南等地为防止海风侵蚀则用贝灰代替石灰。其一般用于屋脊及山墙面等处。

灰塑分画和批两类。画即是彩绘,也是在墙面上绘制山水、人物、鱼虫、鸟兽及植物等壁画。批即灰批,是指具有凹凸立体感的灰塑做法,分为圆雕式和浮雕式两种。圆雕式灰批主要应用于屋脊上,有直接批上去,也有做好后黏上去的。做法先用铜丝或铁丝做出骨架,将沙灰以骨架做成模型粗样,半干时用配好颜料的纸筋灰仔细雕塑而成。圆雕制作过程复杂,特别是多层立体式,为了增强装饰效果,特别讲究黏合材料,以红糖、细石灰及鸡蛋清为上乘材料。题材多是在屋脊上装饰与五行学说有关的构件,如垂鱼、鸡尾、龙水兽等。浮雕式灰批题材丰富,包括花鸟树木、人物山水等题材(见图 4 - 28、图 4 - 29),应用部位广泛,多用于门楣、窗楣、窗框、屋檐瓦脊、山墙墙头等部位。施工工艺是先在墙上打铁钉,用沙筋灰做底子找平,塑好模型后在需要凸出部位预埋铜丝骨架,勾出图案轮廓,然后将纸筋灰调上各种颜料塑造而成。

图 4-28　番禺余荫山房灰塑

图 4-29　广州陈家祠堂屋顶灰塑

5. 陶塑

　　陶塑是用陶土塑成所需形状,经烧制而成的建筑装饰构件,再用糯米和红糖做成胶粘材料将其固定在预定部位。陶塑工艺精致,题材多与灰雕相似,有山水、花鸟、人物等众多题材,如广州陈家祠堂屋脊上多是陶塑作品(见图 4-30)。陶塑材料分两类:一类是素色,即原色烧制;另一类是陶土在烧制前在表面上施一层釉,然后再烧制而成,称为釉陶,其防水防晒且色泽鲜艳,经久耐用,但价格较贵。

图 4 - 30　广州陈家祠堂屋顶陶塑

陶塑的用途基本有两类：一类是作为屋顶装饰，多用于民居宗祠、家庙及大型建筑屋脊上，工艺复杂讲究，大多采用圆雕和通雕形式；另一类是在庭院中作漏窗、栏杆、花坛及花墙等装饰，多见于民居庭院园林中，构件多为几何图案纹样拼接而成。

6.嵌瓷

嵌瓷是广东、福建、台湾等地的民居装饰形式之一。在广东地区，尤其是在潮汕地区大量使用在民居、宗祠及家庙屋顶，它是屋顶的重要装饰。人们利用碎瓷片作装饰，不但经济美观，而且耐风化耐腐蚀，是具有地区特色的一种装饰门类。它也用于照壁墙面上，题材广泛，内容丰富，有各种自然花鸟、神兽、神话传说、历史典故等（见图 4 - 31、图 4 - 32），其色彩鲜艳，外观整洁清秀，经久耐用、耐风雨和日晒。

图 4 - 31　潮汕民居屋顶人物嵌瓷装饰

图4-32　潮汕民居屋顶花鸟嵌瓷装饰

　　嵌瓷的装饰操作方法有平瓷、半浮瓷和浮瓷三种。平瓷以沙筋灰打底,用佛青画轮廓,再用糖灰将有色瓷片嵌贴其上,不需要瓷片嵌贴的部位用灰浆批抹后配上色彩,因瓷面和墙面一样平,所以叫平瓷。半浮瓷做法是用沙筋灰打底,使用佛青画轮廓,塑上花鸟、人物等图案浮坯,最后用糖灰嵌贴彩色瓷片。浮瓷也称立体嵌瓷,先用瓦片、碎砖、麻丝、糖灰作填充料,塑造模胚,再用沙筋灰加糖灰进行批、塑、雕,再用糖灰嵌贴彩色瓷片而成。其自身的优点及独特的工艺在福建地区及广东的潮汕地区大量使用,并在经济发展和文化交流中,使这类独特的装饰技艺在客家民居、台湾地区及东南亚部分民居中使用。

二、彩画

　　中国建筑装饰中彩绘处于极为重要的地位,在建筑装饰中广泛应用。建筑装饰在封建社会有严格的等级差别,它成为"明贵贱,辨等级"的标准。《明史·舆服志》记载:"庶民庐舍不过三间五架,不许用斗拱饰色彩。"从中可以看出,装饰彩绘已明确界定,在民居中受限制。直至清代,民居装饰放宽,彩绘类在民居中蓬勃发展。据《大清会典》记载:"公侯以下官民房屋……梁栋许画五彩杂花,柱用素油,门用黑饰。"彩绘本身已有不可逾越的等级。

　　今天我们所看到的多是清式彩画,彩绘分为和玺彩画、旋子彩画、苏式彩画三类。但和玺彩画只能用于皇家建筑,旋子彩画用于王府,一般民居只能使用苏式彩画。苏式彩画有三种等级做法,最高等级为金琢墨苏画,其次为金线苏画、墨线或黄线苏画,从现存建筑实物来看,几乎没有最低一级墨线苏画案例。在北京四合院民居中,房间和游廊的檐下,常有彩绘图案。四合院彩绘采用苏式彩画,形式活泼,内容丰富,主题部分位于正中央,呈椭圆形,称为"包袱"。集中表现在上下夸檐檩、檐垫板和檐枋三大主要构件。"包袱"内绘画内容及主题丰富多彩,有人物山水、花鸟鱼虫、神话传说、历史典故等(见图4-33、图4-34)。然而,多数四合院为降低建造成本,对装饰也作简化处理,只在枋、檩端头画图案,称为"掐箍头"。这些图案多为如意形的吉祥图案,其他彩绘纹样同样具有象征意义、寓意吉祥的特点。比如在飞椽头饰"万"字,椽头饰"寿"字,寓意"万寿无疆";绘牡丹花和白头翁鸟的图案,寓意富贵到白头;等等。民居绘画主题鲜明,构图巧妙,传情达意,寄托住宅主人对美好生活的追求与向往。

图 4 - 33 潮汕民居屋架彩画

图 4 - 34 苏式彩画

在民居中南北方彩绘略有差异,相比之下,南方比北方彩画的色彩更丰富、艳丽些。从题材上,南方不同地区也存在差异。江南苏式彩画以山水、人物、楼台、彩锦为主;徽州彩画以飞禽走兽、山水花鸟、云气绫锦为主;而岭南地区因气候关系不施彩画而用灰塑彩描,内容上山水、人物、花鸟及彩锦都使用。

彩描在南岭民居中特别常见,也是南方一种特殊的装饰形式。彩描是灰塑的一种平面表现形式,重点在于色彩的描和画。其主要用于经济薄弱的地区,也称"墙身画"(见图 4-35、图 4-36)。在经济较发达地区,彩描的这些部位多以木雕、石雕和砖雕代替。但彩描也有独特的艺术魅力，一直在岭南地区使用。彩描的工艺流程是，先将要装饰的部位淋湿，为加强画面黏结力，用沙筋灰打底，再用纸筋灰找平、批面，要求表面平滑细腻，接着用石膏条或其他材料起稿勾画轮廓，最后模仿中国画的工笔画或写意画画法染色，力求线条流畅，色彩和谐统一，画面生动活泼。

图 4 - 35　民居门楼灰塑彩画

图 4 - 36　民居墙身灰塑彩画

彩描的抗蚀性较弱，因此室外露天部位少用，多用于檐下、外廊门框及窗框、室内墙面等不同装饰部位，其题材也不尽相同。民居外檐下的墙楣是最多运用彩描的部位，即建筑立面檐下墙面与屋面的过渡部分，墙楣的彩描呈带状，高度在 30～60 厘米之间，由于墙楣呈带状，因此由多幅题材独立的画构成,在建筑外观上弥补出檐而带来的空间深度不足的感觉,具有良好的过渡缓冲作用。内檐下彩描主要指室内斜坡屋顶檩下斜面墙楣部位装饰,在海南地区较常用,而在广东地区较少使用,题材以画卷、宝瓶、文房四宝为主,视觉上丰富侧墙和屋面的过渡。还有民居的门窗边框也是多用彩描的部位,宽度约15～25厘米之间,多以抽象规律花纹为主,表现手法以点绘和线绘两种相结合。通过点线的有机结合,形成丰富的节奏韵律感。

总体而言,南方和北方彩画都具有相似的装饰语言,并且丰富民居的装饰内涵,在建筑装饰艺术中绽放光彩。

三、书画

书法及绘画作品在民居装饰中起到画龙点睛的作用。书画作品不仅起装饰作用,还如同大自然的山水一般能陶冶居者的情操,提高居者的品位及内涵,既是一种文化的象征,也是经济实力的反映。

中国民居建筑装饰不少与中国文字密切相关,而且这些文字在民居中具有深刻内涵。中国文字源于象形图案,日月山川风雨雷电等自然形象、龙鱼牛羊等动物形象,都经过提炼形成生动概括的图案化文字。同时,图案化的文字又被直接运用到建筑装饰上,表示吉祥的汉字本身也成了建筑装饰图案,例如"福""寿"等字的书法作品在民居中使用频率特别高。最为普遍的就是在正方形红纸上写上"福"字,张贴在家中门上或屏风、照壁上,将"福"字倒贴,表示福到的吉祥内涵。还有将"福"或"寿"字扩展成百福图或百寿图等书法作品,并将其高挂于厅堂中央或雕刻在重要装饰部位,表示福寿无疆的吉祥寓意。广东顺德清晖园碧溪草堂的屏门上有隶书、篆书相结合的96个不同"寿"字的书法装饰,称之"百寿图"(见图4-37)。在清晖园的真砚斋槛窗隔扇上同样有"百寿字"做装饰,称为"百寿门"。

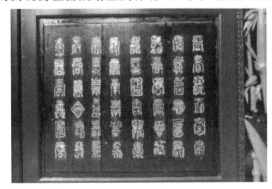

图4-37 顺德清晖园碧溪草堂隔扇上"寿"字装饰

书法艺术作品与匾额相结合在民居中更加常见。大门匾额上的书法大多出自名家之手,苏州园林拙政园中的香洲是大书法家文征明所题,顺德"清晖园"三字是江苏武进士、书法家李兆洛书写,揭阳渔湖长美村"袁氏家庙"门额为明万历年间宰相张瑞图所题写(见图4-38、图4-39)。可见,大至名园,小至村野家庙皆出自名家之手。这不仅突出正门重要性和起到识别性作用,更重要的是炫耀门楣、彰显名门。在园林中匾额更是立意深刻、意境含蓄、情调高雅、情景交融,起画龙点睛作用。如苏州园林拙政园中的东部匾额"归田园居",取自陶渊明《归田

园居》五首诗意名之,寄托居者辞官归隐,保持自己理想和节操的情怀;情景交融的"远香堂",
取周敦颐《爱莲说》的"香远益清"而得名,比喻君子崇高的品德,声名远扬,并与堂北门莲池相
呼应。所以说匾额书法既是作品,又寓意深长,在民居装饰中广泛应用。

图 4-38　苏州拙政园的"香洲"匾额

图 4-39　潮汕民居"袁氏家庙"匾额

　　南北民居厅堂中少不了名家书法和国画作品相结合的装饰,声情并茂,饰于厅堂中央,起
到核心作用。北方代表北京四合院,南方代表苏州园林皆是如此。狮子林旧时园内有五棵古
松,现已无存,而在古五松园厅堂中则悬挂李复堂的国画作品五松图作装饰,点明历史,名与图
相对应,发人遐想。狮子林门厅同样挂有国画古松图,并结合书法家顾延龙手笔的书法作品
"云林逸韵",声形并存,寓意深刻(见图 4-40)。番禺余荫山房深柳堂,也是以书法及国画作
品装点大厅。大厅中央装饰国画作品,画中描绘厅外的游廊拱桥"浣红跨绿"一景,配上书法及
对联加以点题。大厅右侧木隔扇上还有书法家、政治家刘墉书法木刻作品作装饰(见图 4-
41、图 4-42)。总体而言,书画作品装饰于民居中,突出民居脱俗的文化气息,彰显居者的文
化内涵,点化空间的寓意。

图 4-40 苏州狮子林"云林逸韵"

图 4-41 番禺余荫山房深柳堂厅堂书画装饰

图4-42 番禺余荫山房深柳堂隔扇书法装饰

四、对联

对联在中华民族传统文化中占有一席之地,做对要求对仗工整、平仄协调、寓意深刻,是文人墨客抒发情感,居民寄托美好愿望的对象,在中国大江南北民居中广泛应用。

众多对联中的春联与人们的日常生活最为密切相关。对联先是由桃符演化而来,后来画有神像的桃符演化成门神,而写有名字的桃符则演化成对联,春节时才张贴,故称"春联"。上至贵族人家,下至茅屋草舍在春节时都会用红纸书写春联,张贴于大门门板上,以增添节日气氛,祈福辟邪,这种做法已成为一种习俗,是人们文化习惯中不可缺少的一部分,也成为大门重要的装饰形式之一。北京民居住宅门联常见有:"忠厚传家久,诗书继世长""物华天宝,人杰地灵"等对子。这一类对联多表明居住者是书香门第人家。而满族官员家庭多书写"天恩春浩荡,文治日光华"等统一联句,表明政治清明,皇恩浩荡。而南方园林中门联也是不胜枚举,番禺余荫山房正门联"余地三弓红雨足,荫天一角绿云深",是园林点睛之笔,点明园地虽小但求得祖宗福泽子孙的寓意(见图4-43)。顺德清晖园门联"风过有声皆竹韵,明月无处无花香",点明景区雅静风貌。从南北方对联可看出其装饰形式丰富多样,有的将大门门面用油漆涂成两条红

图4-43 番禺余荫山房门联

联，北京居民称为"门心"，再用黑漆写上联句，也有的通过阴刻或阳刻雕字，悬挂于大门两旁或将联句内容直接装饰于门心板上，最为普通的就是用红纸书写张贴在门板上。不管是南方还是北方，自写或自选春联不仅起到装饰作用，多是显示身份、夸耀门楣。

旧时对联多是以楷体、颜柳欧赵居多。内容多反映民居主人基本情况，包括思想文化和内心情感状况。门联多无落款与迎首，并且走出桃符辟邪、春联纳福的题材局限，以中国名家书法的形式结合木雕或竹雕的楹联装点檐柱，称为抱柱联。其装饰部位多在屋堂前檐下的楹柱或游廊要关，多挂于露天部位，联板颜色及字体形式与色彩都不受限制，更灵活丰富多样，用道德情操、审美情趣、治家名言等内容，来为门户装饰增添光彩，表达无限的情调、意境与韵味。苏州曲园春在堂抱柱联是当代苏州书法家吴敲本所书写，"生无补乎时，死无关乎数，辛辛苦苦，著二百五十余卷书，流播四方，是亦足矣；仰不愧于天，俯不怍于人，浩浩荡荡，数半生三十多年事，放怀一笑，吾其归乎。"表达

图 4-44 苏州曲园"春在堂"

园主俞樾一生的努力及坦荡的胸襟（见图 4-44）。沧浪亭石柱楹联"清风明月本无价，近水远山皆有情"，表达居住者寄情大自然、投身大自然、远超红尘的闲情逸致，情景相融，意境无限。

对联除了悬挂于大门的门联、装饰于檐下楹柱的抱柱联，还有装点厅堂背景墙上的书法对联，通常结合其上部的匾额或悬挂于国画作品的两旁，起到装饰点题作用。如苏州园林网狮园的万卷堂，又称积善堂，正中挂有"万卷堂"匾额，在国画作品两旁挂有张辛稼的对联"紫茸夜湿千山雨，铁甲春生万壑雪"（见图 4-45）。网师园的看松读画轩，在厅中央采用镂窗框景的手法，将室外景当做室内画，在镂窗两侧挂有对联"满地绿荫飞燕子，一帘晴雪卷梅花"，情景交融，遐想连篇，具有无限画面意境（见图 4-46）。耦园的载酒堂也是通过对联"东园载酒西园醉，南陌寻花北陌归"作装饰，醉意绵绵，诗意传情（见图 4-47）。

图 4-45 苏州网师园"万卷堂"

图 4-46　苏州网师园"看松读画轩"

图 4-47　苏州耦园"载酒堂"

　　对联在中国民居中发挥重要的装饰作用,集中表现文人墨客的书法艺术价值及智慧,充满居者丰富的思想情感,使民居更增添文化内涵。

第五章

中国传统民居室内外设计赏析

第一节 中国传统民居室内外空间布局

一、对称式

　　传统民居大多以"间"为单位,受中庸思想的熏陶,中国传统民居建筑的"择中"意识也很强,在组群中往往对"中轴线"和轴线核心位置十分重视,所以传统民居建筑的主题贯穿在中轴线上,空间的秩序感极强。但是,有时由于民居建筑功能的不完全对称、地形地势的变化等,限制了建筑完全对称的布局模式,所以许多传统民居庭院布局或通过直线正交形成均衡构图,或转折、局变、错落布置。

　　稍具规模的中国传统民居的建筑排列皆呈中轴对称式,这种现象已经成为普遍规律。在中轴上可排列一至四进的房屋,可长可短,在南方称之为双堂、三堂或多堂制。一般按门厅、客厅、祖厅、上房、后罩房的次序排列,以客厅、祖厅的间架规模最大,为统领全局的中心。轴线两侧可安排厢房、护厝,也可用廊屋,或者为围墙。轴线设计可以使民居布局达到完整统一的目的,同时主从关系明确,并形成有规律的层次感,这些都有助于封建礼制思想的体现(见图5-1)。

　　轴线房屋有中心贯穿的交通路线,为了避免一览无余、通透到底,在

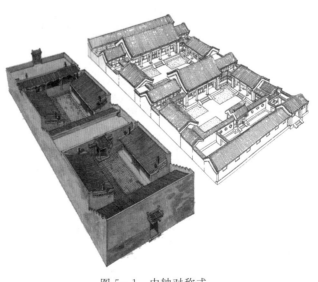

图5-1　中轴对称式

重要房屋的后金柱位设有屏门、屏壁或太师壁,以事遮挡,兼收曲折之效。同时轴线两侧还设有通廊、甬廊或避弄、厝巷作为辅助联络路线。房屋轴线上有一进进不同用途的房屋,一层层大小各异的院落,其中还有垂花门、随墙门、牌坊门、小影壁的分隔,有交通主线与辅线之分,主线上有曲折弯转的变化,所以虽为规整的轴线布局,空间感却十分丰富。在大型房屋中可有多条轴线,为了维持习惯的南北方向,这些轴线多呈并列状。依靠门楼、照壁及门前场坪来标示主轴与次轴。也有排成主副相互垂直的鱼骨状的轴线组合,以示主次,如岳阳张谷英村。客家围屋土楼的布局中多呈主轴与放射轴结合的状态。总之,大型民居的布局骨架仍可分解为轴线组合(见图5-2、图5-3)。

图 5-2 张谷英村

图 5-3 客家围屋

这种规整型民居多见于北方。从文化性格看,北方人相对要比南方人更注重于文化规范。北方天寒,物多收敛,人的心态比较严谨,儒家的实践理性所崇尚的是现实实践、冷静和脚踏实地的生活态度、伦理规范,所以注重人生秩序与有条不紊的居住空间的出现,是不足为奇的,并且北方古代地广人稀,所以北方四合院等民居的庭院一般比较宽阔,这样的布局也可以接纳更多宝贵的阳光,其中典型的当属北方四合院。

1.四合院

北方的四合院是独立的长方体生活空间。进入四合院之前首先得穿过胡同,胡同是夹于四合院侧面高墙之间的宁静的小巷。四合院形制的空间封闭性,在生理意义上,出于中国北方天气较为寒冷之故;在心理意义上,契合一个家族的向心、内敛的气质。而基本上的中轴对称可以看做传统儒家思想讲究规矩、规范的特点在建筑上的体现。这类民居形制,可以说是中国民居的常式,即以院落为空间组合的、几重进深的、中轴对称的空间布局。四合院包括这样几个基本要素,即宅门、倒座、正房、厢房、围墙,把这些要素根据四合院的形制组合起来,便组成北京的四合院。如果四合院坐北朝南,大门便开辟在东南角,与东厢房的南部山墙相对。大门之内的西侧是庭院。其中,正房位于庭院的北部,坐北朝南。倒座房位于庭院的南部,坐南朝北。东西两侧是厢房。围墙用来填补建筑之间的空隙(见图5-4)。

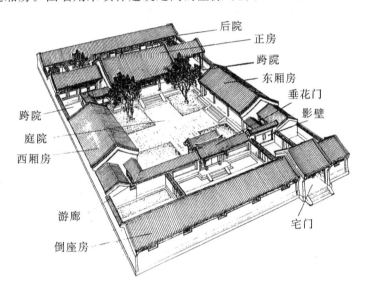

图5-4 四合院空间布局

在中轴布局上,正房与倒座位于中轴线上。正房是全宅的主体,进深、面宽、架高与内外檐的装修规格在全宅居于首位。正房的列柱是双数,房间是单数,从而保证明间的房门在中轴线上。正房一般是三间。正房两侧有时构筑耳房。耳房的高度低于正房。正房与耳房的总长决定了四合院的宽度。正房、倒座、两厢都是单层建筑,而且各自独立,互不相连。正房与倒座南北向望,两厢的前檐位于正房墀头墙的外侧。正房两侧如果设有耳房,那么耳房的面阔与厢房的进深保持在同一尺度。如果正房的后面还有房屋,那么东面的耳房则作为通道。这一点是四合院与北方的合院的根本区别。合院的房屋是相互连接的。正房、倒座、厢房通常采取山墙到顶的硬山样式。不在山墙也不在后檐墙开设门窗,门窗均向院内开辟。

2.海南传统住宅

海南民居布局的特点是外封闭、内开敞,空间上以敞厅、天井、庭院、廊道和室内屏风组成开敞、通透的室内外空间结合体系。海南传统民居一直延续着中国传统的"合院式"民居的空间特征,注重院落围合感,强调轴线,主次分明,内外有别,同时受传统的风水观念控制。在正屋房间布局中,中轴对称,明间设正堂,供奉祖先牌位,两旁为正房,供屋主居住。住宅的型制格局一般为独立院落式砖瓦房,堂屋是其主体,也是家族的中心。挨着堂屋的左侧是两个小屋子,靠院墙的为厨房和杂房。有的杂房也置床,子女多的家族女孩子也常住其间。对着厨房的是小院门,小院门也盖成瓦房式。紧靠院门而又靠着院墙的是柴火房,也是厕所,用来放置农具或置鸡舍,有的还有后院(见图5-5)。堂屋是住宅的主体,它比其他房子都要宽敞高大,在院落中显得特别突出。堂屋分为两部分,中间为客厅,客厅里设有三殿堂,供奉祖先神位。由此可见堂屋是宗法制家族的象征,是家族的礼制中心、教化中心。海南传统的封闭性独立院落式民宅反映出了自然经济下农民的保守思想和狭隘心理,同时,这种院落式建筑型制也反映出了中原文化在海南的延续。

图5-5　海南民居

　　另外,海南传统民居更多地"借用"了闽南传统建筑中的基本布局,如护厝(横屋)、榉头(厢房)、三间张(三开间)、左尊右卑等;此外,海南民居在大的院落布局关系和细部装饰上也呈现出岭南民居"改进版"的某些形象。

　　"虽然血缘相近,海南民居依然有自己的独特性。"长期以来海南近代建筑在中国传统民居大家庭中一直缺乏应有的地位,被纳入广东民居体系中。这种独特性,从平面布局到建筑形式,从装饰工艺到建筑结构,广泛存在(见图5-6)。

图5-6　海南民居——岭南民居"改进版"

3.徽州民居

徽州的地理和气候加上地域历史文化的演变和传承,使得徽州建筑形成了独具特色的一派建筑体系。徽派建筑与其地地区汉族传统民居有共同的特点:聚族而居,坐北朝南,注重内采光;以木梁承重,以砖、石、土砌护墙;以堂屋为中心,以雕梁画栋装饰屋顶、檐口见长(见图5-7)。"天井"是徽派建筑中最典型的特点之一,其实天井就是院落,只是较小。中国南方炎热多雨而潮湿,人稠山多地窄,故重视防晒通风,布局密集而多楼房。天井民居以横长方形天井为核心,四面或左右后三面围以楼房,阳光射入较少。正房即堂屋前向天井,完全开敞,狭高的天井起着拔风的作用。各屋都向天井排水,外围耸起马头山墙,可防火势蔓延。墙头高出屋顶,作阶梯状,砖墙抹灰,覆以青瓦墙檐。白墙黛瓦,明朗而素雅,是南方建筑一大造型特色(见图5-8)。

图5-7 徽州民居

图5-8 徽州民居室内天井

　　徽州民居在村落选址上极其重视,要求符合天时、地利、人和皆备的条件,达到"天人合一"的境界。村落多建在山之阳,依山傍水或引水入村,和山光水色融成一片。住宅多面临街巷。整个村落给人幽静、典雅、古朴的感觉。在平面布局及空间处理上,徽州民居布局和结构紧凑、自由,屋宇相连,平面沿轴向对称布置(见图 5-9)。民居多为楼房,且以四水归堂的天井为单元,组成全户活动中心。天井少则 2～3 个,多则 10 多个,最多的达 36 个。一般民居为三开间,较大住宅亦有五开间。随着时间推移和人口的增长,单元还可增添,符合徽州人几代同堂的习俗。白墙、青瓦、马头山墙、砖雕门楼、门罩、木构架、木门窗构成了徽州民居最具符号化的形象:内部穿斗式木构架围以高墙,正面多用水平型高墙封闭起来,两侧山墙做阶梯形的马头墙,高低起伏,错落有致,黑白辉映,增加了空间的层次和韵律美。方正的外形,形如"一颗印",为徽州民居的独特风格。民居前后或侧旁,设有庭院,置石桌石凳,掘水井鱼池,植果木花卉,甚至叠山造泉,将人和自然融为一体。大门上几乎都建门罩或门楼,砖雕精致,成为徽州民居的一个重要特征。

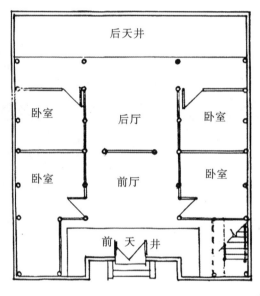

图 5-9　徽州民居空间布局

4. 潮汕民居

　　潮汕民居(见图 5-10)融汇千百年来潮汕人的智慧,如同山西平遥民屋的粗犷,瑶寨吊脚楼的野趣,江南徽屋的雅致,苏州园林的自然一样,潮汕民居也拥有自己独特的文化内涵。天井、庭院是潮汕民居不可缺少的要素,可以说有宅舍必有天井、庭院,它多设在厅前堂后,是住宅向外界沟通的主要渠道。在用地允许的情况下,其设置较严格、讲究,即有外明堂和内天井之分。厅堂之间的内天井则取势方正紧凑,宽度仅比厅堂面宽略超出一点,绝少从卧室前横亘而过,因为在风水观中,长短宜适度。厅堂具有双重属性,对庭院、天井方面而言,它属阴;对居室而言,它属阳,故畅透与围合相兼的表征,能有效地防御风邪的骚扰,是和合阴阳的枢纽所在。潮汕民居厅堂的空间界定是实虚结合,两侧墙面、地面和屋顶是厅堂空间围合的实体界面,前后的格扇门、屏门则是具有可变性的界面。

图 5-10 潮汕民居

潮汕传统的老式民居都是用形象生动的名字来命名的,如"四马拖车""四点金""下山虎"等等。

(1)"四点金"建筑(见图 5-11、图 5-12)。

"四点金"是潮汕风俗的独特建筑,因其四角上各有一间其形如"金"字的房间压角而得名。在旧时只有富达的家庭才能建造。"四点金"的建筑格局跟北京的四合院有些相像。外围一般有围墙,围墙内打阳埕(即庭院),凿水井;大门左右两侧有"壁肚";一进大门就是前厅,两边的房间叫前房;进去就是空旷的天井,两边各有一间房,一间作为厨房,称为"八尺房",另一间作为柴草房,一般称为"厝手房";天井后面就是后厅,也称大厅,是祭祖的地方,两边各有一个大房,是长辈居住的卧室,如果小辈住进去就是大不敬。"四点金"的构式建筑还有许多种:只有前后四个正房,没有"厝手房"及"八尺房",而四厅齐向天井的,称"四厅会";前后房都带"厝手房"和"八尺房"的,变八房为十室的称为"四喷水";如果在"四点金"外围建一圈房屋,就叫做"四点金加厝包"。

图 5-11 四点金

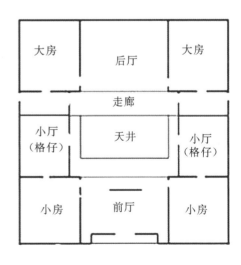

图 5-12 四点金平面布置

（2）"下山虎"建筑（见图 5-13、图 5-14）。

"下山虎"的建筑格局比"四点金"简单，比它少了两个前房，其余的基本一样。"下山虎"因为出入门路不同，因此有开正门和边门的区别。通常中间不开门，而是两边开门，两边的门又称为"龙虎门"，也有开正门而不开边门的。

图 5-13　下山虎

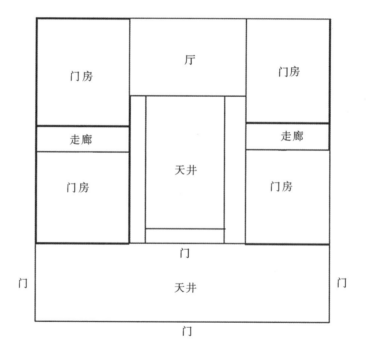

图 5-14　下山虎平面布置

（3）"四马拖车"建筑（见图5-15、图5-16）。

"四马拖车"是"四点金"的复杂化。"四马拖车"整个建筑的各个部分都有它特殊的功能。头进的"反照"是为了遮挡路人和客人的视线，不致使屋里一览无遗。通廊是主人和来访客人停放交通工具的地方。南北厅是平时接待客人用的，而长辈们重要的会见和议事则在二进和三进的大厅进行。三进的大厅还设置祖龛供奉祖宗灵位。逢年过节、祖宗忌辰、家人要出国，就要开龛门祭拜抑或向祖宗"告别"；家人做了伤风败俗的事要绳之以家法，也要开龛焚香，让他在祖宗面前请罪。后库则是供办丧事时停放棺柩的地方。主体建筑的大房由长辈居住，最高长辈一般住在三进的房子，其他房间由小辈居住。磨房、厨房、浴室、厕所等生活用房都集中在左边的火巷。所有天井架上地板，天井的上空撑起帐篷。这样一来，一、二、三进形成了一个宽敞的大空间，便于进行各

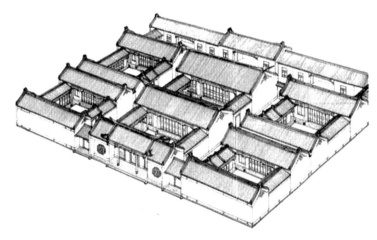

图5-15 四马拖车

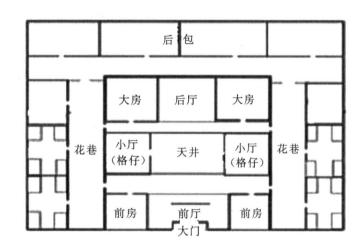

图5-16 四马拖车平面布置

种活动。总的来说，主体建筑前低后高，每进递增三级石阶，这样便于突出主要厅堂，更重要的是为了不让前进遮住后进，保证后进的采光。后包是为了保护主体建筑和防盗而设的。

对称式的民居布局体现了中国儒家主题思想对人们思想观念和生活方式的强大影响，对称安排、秩序井然、有条不紊，强烈的政治理论色彩，浓郁的理性精神，是中国古代建筑文化的一大民族特色。

二、自由式

非规整型民居以南方为多见。尤其在丘陵地带，地形地理复杂多变，建筑不得不因地制宜。有的民居平面呈"一"字形；有的为曲尺形；有的有院落，呈马鞍形；有的没有院落，这种没

有院落的民居,以临街就建的南方民居建筑为多见;有的孤村独特建于山坡之上,室内平面错折多变;有的由多座毗邻的民宅组成一个连续多变的空间序列,平面和立面都可能参差不齐。总之,在文化心理上,南方由于气候趋暖,人的心态活动多变,加以地基条件的限制,尤其是文化传统的不同,其民居的非规范性可能明显一些。

1. 吊脚楼

在广西、贵州、湖南、四川等省份,吊脚楼是山乡少数民族如苗、侗、壮、布依、土家族等的传统民居样式。尤其在黔东南,苗族、侗族的吊脚楼极为常见。这里的自然条件号称"天无三日晴,地无三里平",于是山区先民创造出了独特的吊脚楼。吊脚楼依山而建,用当地盛产的木材,搭建成两层楼的木构架,柱子因坡就势长短不一地架立在坡上。总的看来,吊脚楼还是应属于南方的干阑式建筑,但与一般所指干阑有所不同。干阑应该是全部悬空的,所以吊脚楼也可以说是一种半干阑式建筑(见图 5-17)。

(a)

(b)

图 5-17　吊脚楼

吊脚楼分两层或多层形式,其内部结构功能一般为三段式划分:顶层用作储藏粮食,因为通风,在温室潮热的气候条件下使粮食不易霉变,而且也使建筑的脊下木质结构不会因潮湿而污损。底层一般用作堆放杂物,有的地方甚至把底层作为饲养动物的场地,既通风良好,又保证二层空间的干燥。二层为家人生活起居层,在功能上很重要,它供全家活动和休息纳凉之用,亦作为款待亲朋乡友、谈天说地、观山望景之所。这种"三段式"功能分布,使吊脚楼在虚实对比上,相得益彰:一、三层较虚,二层较实。二层作为主要生活起居层,人的主要活动全部集中于此,与一、三层比较起来,较为封闭,产生了厚重感和沉实感。

吊脚楼有着丰厚的文化内涵,除具有民居建筑注重龙脉,依势而建和人神共处的神化现象外,还有着十分突出的空间宇宙化观念。这种容纳宇宙的空间观念在土家族上梁仪式歌中表现得十分明显:"上一步,望宝梁,一轮太极在中央,一元行始呈瑞祥。上二步,喜洋洋,'乾坤'二字在两旁,日月成双永世享……"这里的"乾坤""日月"代表着宇宙。从某种意义上来说,吊脚楼在其主观上与宇宙变得更接近、亲密,从而使房屋、人与宇宙浑然一体,密不可分。

湖南省通道侗族的住房,仍保留了百越民族干阑式建筑的特色,多为三屋以上的干阑式木楼,底层为猪牛等养牲杂屋,楼上住人,木楼都有走廊伸出,并装饰有栏杆,栏杆边备有固定式长凳供人休息。这种吊脚楼有高达五六层的,结构谨严,不许用一颗钉子,全系卯榫嵌合,显示了侗族建筑工艺的高超。室内布局,二层楼有火塘,是做饭和待客的场所(见图5-18)。

图5-18 侗族吊脚楼

2.窑洞

窑洞是中国西北黄土高原上居民的古老居住形式,这一"穴居式"民居的历史可以追溯到四千多年前。在中国陕甘宁地区,黄土层非常厚,有的厚达几十公里,中国人民创造性地利用高原有利的地形,凿洞而居,创造了被称为绿色建筑的窑洞建筑。窑洞建筑最大的特点就是冬暖夏凉,传统的窑洞空间从外观上看是圆拱形。窑洞一般有靠崖式窑洞、下沉式窑洞、独立式窑洞等形式,其中靠崖窑应用较多,分为靠山式和沿沟式两种。

①靠山式窑洞(见图5-19)。靠山式窑洞依靠山崖,前面有一定的开阔地箍建窑洞。因

为它要依山靠崖,必然要随等高线布置才更合理,窑洞常常呈现出曲线或折线排列分布。这种窑洞修建时省工省力,又节约土地,并有良好的采光优点,还取得了与生态环境相协调的效果。当然它离公路有一定的坡度距离,有对于人们出入上下搬运物品和饮水带来不便的缺点。

图 5-19　靠山式窑洞

②沿沟式窑洞(见图 5-20)。沿沟式窑洞修建在河道两旁,大多数在阳面,也是建筑学上讲的在冲沟两岸土坡和崖壁基岩上部的黄土层中开挖窑洞。它的优点是交通方便,饮水便利,可避风沙,本地人称为"水食相连"之地,缺点就是相对于靠山窑洞视野不开阔。

图 5-20　沿沟式窑洞

3. 蒙古包

蒙古包(见图 5-21)是蒙古族牧区传统的民居形式,古称穹庐,又称毡帐。蒙古包呈圆形,四周侧壁分成数块,用条木编围砌盖;游牧区多为游动式。游动式又分为可拆卸和不可拆卸两种,前者以牲畜驮运,后者以牛车或马车拉运。除蒙古族外,哈萨克、塔吉克等族牧民游牧时也居住蒙古包。蒙古包的名称源自满语,蒙古包在蒙文里被称为"斡鲁格台格儿",意为无窗的屋子,游牧民族的特性决定了其必须随着水源、牧草迁徙,蒙古包的结构特点充分适应了这种游牧生活,各部分之间的连接精良方便,拆卸输送很容易,且美观实用,风雪降临时,包顶不积雪,大雨冲洗包顶不存水,圆形的结构还可以抵御风暴侵袭,毡的厚度可随季节增减,底部的围毡,天热时可以卷起透风。蒙古包白色的外表面,还装饰着由红、蓝、黄等颜料布料做成的顺心斑纹,充分显露了功效和审美要求的调和。

图 5-21 蒙古包

从各种不同空间布局的民居建筑来看,中国传统民居的风格和实用价值是常常和当时或当地的自然特点、人文风俗联系在一起的,并且各地、各时、各族的古民居均具有自己的特点,组成了风格明显的体系。另外,通过总体布局的变化,建筑空间的灵活组合,建筑造型的意匠和细部构造等的艺术处理,中国传统民居表现出强烈的民族特点和浓厚的地方特色,显示了丰富多彩的艺术面貌。

第二节 中国传统民居空间分隔手法和形式

中国传统民居的建筑构架和布局形式具有鲜明的地域文化特点,由于地理气候、人文环境和各个时期的政治文化需要的不同,传统民居的建造和使用也在不断地变化和发展,从而形成了多样的生活形态和空间。在传统民居的室内空间中,室内空间的分隔以及空间的连接、层次也不无例外地形成了一系列具有文化传承的特点和形式。

在传统民居的整体布局中,不管是对称式还是非对称式的空间布置,不管是户外空间还是室内空间,空间与空间的划分和连接都需要分隔构件来完成起承转合的完整空间节奏。这些空间中的细节就像是运转中的大机器上细小的螺丝钉,发挥着无比重要的作用。没有它们似乎整个建筑就没有了生命,随时会坍塌覆灭。正是因为这些建筑中的细节,才使得传统民居承载的几千年的历史文化和人类智慧得以大放异彩。在传统民居的内部空间中,连接空间和分隔空间的形式有很多种类,主要表现为门楼(墙门)、屋门、窗、影壁、走廊、栏杆、屏风、花罩、格架、阳台等。

1. 门楼（塾式门）

门楼（见图5-22）在中国民居住宅中是具有很高艺术性的小建筑形式。它的造型、装修和细部装饰，往往是民居建筑特征的综合表现。不论贫富，家家都重点装修自家的门面。门楼顶部结构和筑法类似房屋，门框和门扇装在中间，门扇外面置铁或铜制的门环。北京四合院中的垂花门，也是门楼的一种形式，它集中表现宅院中最丰富鲜丽的色彩和装饰。四合院外部入口大门，是深深的过道式门楼，在暗影中的朱红色大门、金黄色的门替与宅院外部青灰色粉墙黑瓦形成强烈的对比，从而突出主要入口。一般门楼与房屋之间有过渡地段，有铺面的小路相通，这是由公共街道进入家室之间行为举止的过渡、空间的过渡、光感的过渡、声音的过渡、方向转变的过渡、地面铺料质感与地坪标高的过渡、开与合视野变化的过渡等。这些行为建筑学与建筑心理学的设计效果，都可以通过门楼与住宅之间的地段来达到。

(a)

(b)

图5-22　门楼

中国传统的合院住宅,都有各自独特的院门,民族的、古典的、砖花的、生土的、竹编的各种饰件各有千秋。家门上的装饰更是别有情趣,有门枕石、抱鼓石、金饰门钱、匾额题字、大红灯笼等。小院里冒出墙头的桃、李、桑、竹,体现出院内主人的爱好,家门的一砖一石、一草一木都在告诉别人这是我的家门,你来过这里。家门是领域性最强的一种空间分隔形式(见图5-23)。

图5-23 民居家门

2.影壁

影壁(见图5-24)给中国民居增添了独特的装饰情趣,它以光影落在墙上的变幻动态效果作为民居入口装饰墙,在进入民居内部空间第一眼的地方,影壁就布置在入口大门对面或大门的内部。墙上以浮雕花饰为主,正中常书写雕刻吉庆的文字或图案。布置在宅门内的影壁前面还摆盆景花卉,影壁可以挡住街上视线对宅内的干扰,树影落在影壁墙上,光影的变幻丰富了墙上朴素的浮雕装饰,这种光影动态效果在建筑上的运用,西方建筑家称之为建筑的第四度空间——时间性。影壁上的光影、壁前的绿,引导进入宅院,可谓最生动的四度空间处理典范。这样具有时间延续性的第四度空间境界,就寓于影壁与门道之间的绿化、光影和踏步及顶部投影的光线之中。

3.房角屋边

老式传统民居的外围都有空廊、平台、长凳、花草和围墙,有可供休息的边角余地,从而感到亲切。这样的

图5-24 影壁

房角屋边富有生气,人们愿意停留,并感到与外围世界相联系。房角屋边与房屋内外之间的地段,建造一些有深度有顶盖的活动点以摆设坐椅,从这些座位点上可以观看户外的活动,增加与外界的联系感。这种连接户外和室内空间、室内与室内空间之间的小细节给整体建筑空间增添了驻足停留和冥想思考的好去处(见图5-25)。

图5-25 房角屋边

4.花罩

中国民居中用花罩分隔空间的办法就如同近代建筑中使用的透明玻璃隔断,同时花罩本身又是精美的室内装饰。花罩是室内隔断中最空透的形式,花罩以精美的木雕制作,布满精细的纹样,在三开间或五开间的厅堂之中用罩或隔扇来划分空间,堂屋中可以透过两边的花罩看见两侧跨间室内的陈设,这也是一种在大空间中分隔不同使用区域的布局手法。在一个长形房间中,家具陈设不易做到和谐优美,而划分为若干个中心,分组布置,使家具的组合不被流线所贯穿,罩则可以在这方面充分发挥作用(见图5-26)。

5.屏风

屏风(见图5-27)是民居室内一种最灵活单纯的隔断。它最大的特点在于灵活,可隔可合可障可围,同时以一种行为方式有选择地将不愿意看到或不想接触的事物屏障在外,也可以将私密之事隐藏于内。屏门也是屏风的一种形式,主要分隔厅堂。通常以六扇为一宕,平时不开,仅在举行婚丧大事时才启用。其作用主要是阻

图5-26 花罩

挡视线、分隔空间,彰显高敞。一般以素板光面装饰屏门正面,有时也在屏门上施以装饰,常悬挂中堂画和匾联(见图5-28)。

图5-27 屏风

图5-28 屏门

6.格架

格与架最具代表性的就是博古架（见图5-29），也称多宝架。其功能是陈列古董、玩物、书籍等。一般陈列在开间的间隔处或整幅粉墙前。前者以玲珑剔透及隔而不断的形式给人以美感，实用美观，既渲染了室内环境艺术氛围，又反映了主人的审美品位。后者作为背景的景观，以占用最少面积容纳更多的物品，同时也折射出室内的人文气息和主人的涵养。

图5-29 博古架

7.儿童的领地

在住宅的公共空间中，常布置有儿童玩耍的地段。例如在墙角处设加高的平台，在楼梯下面设些孔洞和桌椅。降低局部天棚也可以形成儿童玩耍的环境，室外游戏场地最好与室内相连，以保持儿童领地的连续性，因为儿童不大喜欢单一的空间，而要求一个连续多变的空间。但家庭中要求安静的房间则应与儿童领地分开。中国民居有以建筑空间组合院落的特点，并有曲折变化的回廊、檐廊和房角屋边，构成适合儿童玩耍的空间（见图5-30）。

图5-30 玩耍的领地

8.低门道（门洞）

中国传统民居庭园之中的白粉墙上，常有低矮的门道，形状多种多样，有花瓶形、月亮形、多边形等，门边窗下配以花卉植物、山石点缀，形成花园似的独特景色。供人通行的门本来有标准尺寸，但有的门道故意做得雄伟高大，有的却故意做得低矮，以观赏外界若隐若现的景物。有的低门道则是为了使人们通过时获得"穿过"之感。低门道在整体的空间结构上形成了"柳暗花明又一村"的心理体验（见图5-31）。

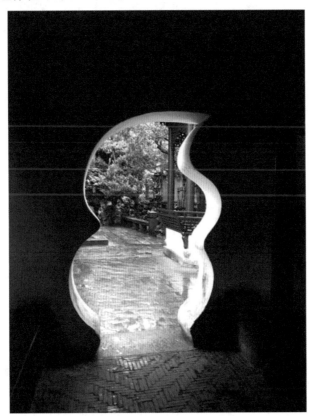

图5-31　低门道（门洞）

9.穿过式的空间

在传统民居的核心空间区域，设计时要处理好房间之间的关系，比设计好房间本身更为重要。走道式的房间关系是通过较暗的长走道连接各个房间。套间则不同，有阳光、家具和较深广的视野。走道和套间都是供"穿过"用的，但心理感觉却不同。套间用门来作为房间之间的联系，可把许多房间连接在一起，形成一个穿过房间的环；另一种是与房间平行的像链子一样的套间。在四川的大型民居中，尽量减少过道，以公共性的套间把许多房间联结在一起，布置成套间的环与链，围绕中央的内天井，房间都开向公共性的套间，房间之间所经过的套间环和链都有明亮的光线，能看见天井庭院中的布置（见图5-32）。

图 5-32　过厅

10.短过道

在有限的民居住宅空间中,漫长的走道很难使其美观,在设计中可把走道布置得像房间一样,陈设家具,并开较大的窗,使走道尽量短些,最好是有明亮光线的单面走廊。在中国传统民居中,运用室内的门窗来处理过道与房间两者之间的相互渗透关系,可供借鉴。

11.周围外廊

周围外廊在中国南方民居中形式很多。如云南竹楼的晒台叫做"展",贵州民居中二层上设置的外廊,新疆民居中围绕内院形成的外廊等。周围外廊是住宅与外部社会生活之间的过渡领域,也是住宅中的室外部分,可供饮茶、娱乐、儿童游玩、晾晒衣被、手工劳动和体育锻炼之用,尤其是热天,许多活动都到外廊平台上进行(见图5-33)。

图 5-33　外廊

12.深阳台

中国传统民居的阳台大多是和房间连接在一起的,房间中伸出去的前廊式阳台,其挑出部分与室内没有明显界线。阳台的柱子之间可以安装隔扇门窗或木栏杆,隔扇门窗也可以退在后面,门窗敞开时阳台和房间的空间完全畅通,摆设桌椅灵活,是具有可变深度的灵活阳台。在深阳台中,半凹半挑阳台因有部分建筑环抱,半开半合,或用柱子、透花隔断和花架等遮盖,就如同使用窗帘一样,使人感到舒适。

13.半截墙

传统民居中有时会在柱子之间做一种半截隔断和透空的花墙、带装饰性柱子的柜台等,可以和邻间有分有合,创造一种开敞与封闭之间的平衡。在前厅或起居室中运用半截墙,可增加空间变化,显得美观。例如,房间中如有相互连接的柱子、深深下垂的梁、拱形隔断或厚厚的短墙等,都可以在大空间中创造小天地。在浙江和西藏的民居中,有许多这方面的好例子。这种手法也可以用在室外,以体现房间和外部空间的联系,达到内外空间之间的相互流通。

14.厚墙

在民居设计中,尽量加厚墙壁以充分利用墙体内的空间体量,黄土高原上的窑洞更有这种特点,它的居住空间本身就是从墙体中挖出来的。厚墙给建筑内部创造了发挥表现力的条件,凹入墙内的橱架,墙中的固定家具,富于质感变化的墙壁表面,特殊的灯,都可以根据主人的喜好而表现出室内陈设的多种风格与兴趣。此外,原始的厚墙还有防御性功能,如福建巨大的环形土楼、藏民的石块碉楼、广东侨乡的炮楼住宅等。

15.低窗台

在建筑室内空间中,窗这个元素是一个最富有诗意情怀的。人们之所以喜欢来到窗前是因为光线和窗外的景色,读书、谈话、做针线时,就很自然地坐在窗边。而窗台的高低应适合于主人的行为需要,太高了在窗边看不见室外窗下;窗玻璃直到地面,又会给人以危险之感,楼房上层的窗台只需比底层略高一些。中国北方民居中的火炕常常占有满卧室的整面朝南窗户,沿炕边的窗台很低,家庭主妇大部分时间是在炕上操作,她们盘腿而坐,炕边是低矮的窗台,明亮的玻璃窗透进来满炕的阳光,可以看清楚院中的一切,如花卉和家禽家畜等,显得格外舒适(见图5-34)。

图5-34 低窗台

16.隔扇门

隔扇门(见图5-35)也称为"格扇""长窗",是中国古代建筑最常用的门扇形式,用木做成柱与柱之间的隔断窗,周围有框架,可拼装,开启方式灵活多变,可透光通气。在唐代这种门的形式就已经出现，宋代以后被大量采用于民间的装修。隔扇门一般都是整排使用，通常为四扇、六扇和八扇。隔扇门主要由槅心、绦环板、裙板三中分线成。门扇上部为槅心，由花样的棂槅拼成，可透光；下部为裙板，不透光，可以有木刻装饰。隔扇门中还有一种比较特别的形式，即整个隔扇门的门扇不用裙板而全部用槅心，这样的形式叫做"落地明造"。当

图 5-35　隔扇门

室内有扩大空间的需求时，隔扇门可以取下，以此将原来两个独立的空间化整为一个大空间。

17.小窗棂

人们由室内通过窗户看到的外界景象应该有棂框隔开，由窗棂看出去的效果可以增加视觉印象，使视野多样化。这是由于窗格把外景划分为若干块，分成许多个景的构图，光与景的效果很丰富。同时窗格给人以窗的功能信息，并给人以分隔感，与外界分开，创造一种闪烁光线的室内明暗效果。因此民居中的窗户多以小窗棂划分窗格，以窗棂的疏密构图来分割窗的高和宽，做成美丽的图案。用小窗棂花格子遮挡一些直线阳光，有如树叶的动态光影效果，创造室内闪烁的光线。小窗棂可建立黑白图案，这种图案在窗的边角处加密，光线由边角逐渐加强到窗的中部，尤其是窗的顶部是窗户进光较强的部位，因此，顶部有较密的小窗棂，许多老式窗格图案设计都依据这个原理。在窗外上方的出檐也可以形成一条以天空为背景的暗色轮廓，有助于看清明暗图案的细部，并使进入室内的光线比较柔和（见图 5-36）。

图 5-36　小窗棂

18.栏杆

中国民居中的栏杆常布置在二层窗口下面临天井庭院的显眼位置,造型多模仿石栏杆,有弧形的木栏杆向外弯曲成座椅(称飞来椅或美人靠)(见图5-37、图5-38)。栏杆的纹样细部及构图手法大体和门窗隔扇类似,有文字、动物、植物、几何图形等。各种纹样的构图多采取对称形式,或以重复单调的姿态构成连续的图案。

图5-37 栏杆

图5-38 美人靠

丰富多样的室内分隔构件,为主人居住的内部空间增添了文化气息和生活情趣,在这些分隔方式和表现形式来看,分隔手法的特点是:一是绝对分隔,用实体界面分隔空间,隔音效果好,视线完全阻隔,还比砖石造墙扩大了空间,保证安全、私密、抗干扰,但是与周围环境的交流互动差。二是局部分隔,用片断划分空间,有一定的阻隔作用,但又有空间之间的联系,补偿了绝对分隔的缺点。三是象征性分隔,用花格、构架、栏杆、悬垂物等分隔空间,有一定的空间模糊性,注重心理效应,隔而不断,流动性好,层次丰富。四是弹性分隔,利用屏风、帘幕、家具等分隔空间,可以根据使用需求随时开合或移动,使空间更具有灵活性。

在整个传统民居的建筑空间中,不管是建筑平面布局还是内部空间分隔,都是建立在人的生活方式和行为需求上。在几千年的历史文化传承中,中国人用自己的智慧创造了丰富多样极具地域特征的民居建筑,也为中华文明的传播写下了恢弘的记录。这些令人神往的建筑形态也为现代的居住形态提供了宝贵的参考模式。

参考文献

[1]王其钧.中国民居三十讲[M].北京:中国建筑工业出版社,2005.

[2]王其钧.民居·城镇[M].上海:上海人民美术出版社,2013.

[3]楼庆西.雕梁画栋[M].北京:清华大学出版社,2011.

[4]刘敦桢.中国古代建筑史[M].北京:中国建筑工业出版社,2005.

[5]陆琦.广东民居[M].北京:中国建筑工业出版社,2008.

[6]王其钧.中国民居[M].北京:中国电力出版社,2012.

[7]刘叙杰.中国古代建筑史[M].北京:中国建筑工业出版社,2003.

[8]周致元.皖南古村落[M].北京:中国旅游出版社,2005.

[9]蒋高宸.云南大理白族建筑[M].昆明:云南大学出版社,1994.

[10]黄崇岳.客家围屋[M].广州:华南理工大学出版社,2006.

[11]李振宇,包小枫.中国古典建筑装饰图案集[M].上海:上海书店出版社,2005.

[12]论语·雍也[M].程昌明,译注.太原:山西古籍出版社,1999.

[13]白鹤群.老北京的住宅[M].北京:北京燕山出版社,1999.

[14]陆琦.岭南造园与审美[M].北京:中国建筑工业出版社,2005.

[15]郭黛姮.中国古代建筑史(第3卷)[M].北京:中国建筑工业出版社,2003.

[16]郭黛姮.华堂溢彩[M].上海:上海科学技术出版社,2003.

[17]杨衒之.洛阳伽蓝记校释今译[M].周振甫,释译.广州:学苑出版社,2001.

[18]荆其敏,张丽安.中国传统民居[M].北京:中国电力出版社,2007.

[19]郑鑫,邸芃.关中传统民居空间形态解析[J].新西部(下半月),2010(7).

[20]中国科学院考古研究所.洛阳中州路(西工段)[M].北京:科学出版社,1959.

[21]谢浩.我国传统民居气候设计的启示[J].住宅科技,2007(6).

[22]余小荔,杨丽娟.从布局形式看皖南民居文化[J].现代商贸工业,2011(8).

[23]三辅黄图(卷4)[M].

[24](后晋)刘昫.旧唐书(卷122、卷132)[M].

[25](清)王鸿绪,张延玉.明史(卷68)[M].

[26]赖建青.富人的围屋 平民的土楼——赣南客家围屋与闽西客家土楼.